dtv

»Die wunderbarsten Spazierwege können mir gestohlen bleiben, wenn mich kein Hund begleitet«, sagt die für ihre spitze Feder und scharfzüngige Prosa bekannte Journalistin Elfriede Hammerl. Sie erzählt herzerwärmende und herzzerreißende Geschichten von großen und kleinen Hunden und den Hierarchien, Idiotien und Machtkämpfen der Hundebesitzer. Von Stammbäumen im doppelten Sinn, davon, was der Mensch dem Hund ist und nicht sein kann, von Hund und Katz' und warum sie ohne diese schon seit ihrer Kindheit nicht sein mag. In der stillen Sommerfrische auf dem Land ist sie »auf den Hund gekommen« und seither nicht mehr von ihm los.

Elfriede Hammerl, geboren 1945 in der Steiermark, aufgewachsen in Wien. Studium der Germanistik und Theaterwissenschaft, Journalistenausbildung bei Tageszeitungen und Fernsehen, Kolumnistin u.a. für ›Kurier‹, ›profil‹, ›Stern‹, ›Vogue‹, ›Cosmopolitan‹ und ›marie claire‹. Zahlreiche Veröffentlichungen u. a. Kurzgeschichten, Essays und zuletzt einen Roman, Theater- und Kabarett-Texte, Fernsehspiele.

Elfriede Hammerl

Hunde

Kleine Philosophie der Passionen

Deutscher Taschenbuch Verlag

Originalausgabe
Mai 1997
4. Auflage Oktober 2001
© Deutscher Taschenbuch Verlag GmbH & Co. KG, München
www.dtv.de
Umschlagkonzept: Balk & Brumshagen
Umschlagbild: Alfons Holtgreve
Satz: Design-Typo-Print GmbH, Ismaning
Gesetzt aus der Bodoni Book 12/14 Punkt (QuarkXPress 3.32 Mac)
Druck und Bindung: Druckerei C. H. Beck, Nördlingen
Gedruckt auf säurefreiem, chlorfrei gebleichtem Papier
Printed in Germany · ISBN 3-423-20037-5

Inhalt

Ein Prinz aus den Slums

Das Schicksal hatte ein Einsehen und schenkte mir bewegliche Füße sowie einen Zeitschriftenladen in der Nähe. Zu dem trugen mich die Füße, und ich kaufte eine Zeitschrift und las die Annoncen und fand den kleinen weißen Prinzen. Der kleine weiße Prinz ist schneeweiß von Natur aus und immer noch erstaunlich weiß, auch wenn er länger nicht geduscht wurde. Er hat schwarze Knopfaugen und eine schwarze Knopfnase und hängende Fransenohren. Seine Knopfaugen verfügen über ein umfangreiches Repertoire an Blicken von seelenvoll schmachtend bis zu lerneifrig aufmerksam. Der kleine Prinz ist hochintelligent. Sein Mienenspiel ist beredt, er äußert sich in differenzierten lautmalerischen Tönen, seine Reaktionen zeigen, daß er jedes Wort verstanden hat. Mit schiefgelegtem Kopf hört er mir zu, die Augen wachsam, die Ohren je nach Mitteilung ordentlich aufgestellt, keck nach vorn gekippt, zögernd auf Halbmast, schlapp vor Resignation oder verwegen schlenkernd.

Mein Gott, in welchen Verhältnissen wir den kleinen Prinzen vorfanden! Der Ziehvater ein bleicher Kleinganove, vor seinen Schulden und sonstigen üblen Machenschaften von der Stadt aufs Land geflüchtet (wie uns nach kurzer Bekanntschaft klar wurde); der Bauch hing ihm über eine neonfarbene Freizeithose, er legte ihn immer wieder bloß und kratzte und tätschelte ihn, vielleicht war er stolz auf diese Fettreserve an seiner ansonsten hageren, windschie-

7

fen Gestalt. Die Ziehmutter ein nichtssagendes Wesen mit beschwichtigendem Lächeln, bereit, sich jederzeit unter ihrem niedriggeschraubten IQ zu verkriechen. In dem aufgegebenen Bauernhaus, wo der kleine Prinz samt Mutter und Geschwistern voll argloser Anmut residierte, waren etwaige Spuren von Würde unter Resopalplatten und unter Teppichböden begraben, die zu schmutzig waren, um fleckig auszusehen. Der kleine Prinz hatte eine stattliche Sammlung fetter Flöhe in seinem lockigen Fell. »Hör zu, du Ratte«, sagt meine Tochter von Zeit zu Zeit zum kleinen Prinzen, »du kommst aus den Slums. Aus den grauenhaftesten, trostlosesten aller Slums. Wir haben dich gerettet. Sei dankbar.« Meine Tochter schlägt gern einen rauhen Ton an, ich weiß auch nicht, von wem sie das hat, dieses gräßliche Weib.

Daheim steckten wir den kleinen Prinzen, nachdem wir Lösegeld für ihn bezahlt und ihn aus den Slums errettet hatten, gleich in die Badewanne und spülten die Flöhe fort. Sein Ziehvater brannte inzwischen mit dem Kaufpreis durch, wir erfuhren es von der Ziehmutter, die bei uns anrief, um zu erkunden, ob er einen Scheck oder Bares genommen hatte. Bares, sagte ich. Sie berichtete, er habe außer dem Geld und ihrem Auto auch noch den Fernseher und die Kaffeemaschine geklaut. Mir war nicht ganz klar, inwiefern dieser bescheidene Schatz als wirtschaftliche Grundlage für eine neue Existenz taugen sollte. Zum Versaufen taugt es allemal, sagte sie. Und: Diesmal würde sie ihn nicht wieder zurücknehmen. Ich entkam mit knapper Not meinem Helfersyndrom, indem ich mir befahl, mich erst einmal um den nassen kleinen Prinzen zu kümmern,

den meine Tochter in der Badewanne festhielt. (Später sprach mich meine Freundin Liane von jeglicher Betreuungspflicht frei. Liane ist Juristin. Sie hat den Durchblick. Freisprüche fallen in ihr Fach. Ich telefonierte mit ihr, weil ich wissen wollte, ob mir aus dem vom Ziehvater gefälschten Kaufvertrag irgendwelcher Ärger erwachsen könnte. Sie verneinte und rief mir mit strenger Stimme ins Gedächtnis, daß ich menschlich, sterblich und mit Pflichten ausgelastet sei, weswegen ich mich nicht in alles einmischen sollte. Ich fügte mich nicht ungern.) Als der kleine Prinz sauber und hygienisch einwandfrei war, trieb er sich sogleich weiß wie Schnee durchs Haus. Das ist eine verkürzte Darstellung. Tatsache ist, daß er es nicht schaffte, die Treppe zu besteigen. Hilflos saß er vor den Stufen, wenn wir das Eßzimmer in Richtung nächste Etage verließen, und wimmerte hinter uns her. Ich wunderte mich. Sein Vorgänger war doch die Stiegen raufgeflitzt wie nichts! »Ja«, sagte meine Tochter, »nur daß wir den die ersten Wochen im Einkaufskorb mit uns herumgetragen haben. Erinnerst du dich an nichts?«

Dieses Kind wird noch staunen, wenn es erst einmal in ein Alter kommt, in dem das Langzeitgedächtnis dominiert.

Mich an den Vorgänger des kleinen weißen Prinzen zu erinnern, wäre eine Aufgabe meines Kurzzeitgedächtnisses gewesen, denn der hatte seine Babyphase, in der wir ihn im Einkaufskorb umhergeschleppt hatten, nur anderthalb Jahre überlebt. Bevor das Schicksal ein Einsehen hatte und mir den kleinen weißen Prinzen schickte, prügelte es nämlich hundsgemein auf mich ein; es ließ den Vorgänger des kleinen weißen Prinzen, einen stolzen, kleinen Ritter mit honigfarbenem, schwarzgeflecktem Fell, über Nacht an Gift

9

krepieren. Acht Stunden saß ich neben ihm im Behandlungszimmer des Tierarztes, wo er an Infusionen hing, und hielt seine Schnauze in meiner Hand, während Blut aus ihm herausfloß, unaufhörlich. Als sein Kopf bleischwer wurde, und die letzte Farbe aus seinen Lefzen wich, schloß er erschöpft die Augen. Ich zog meinen Dolch und warf ihn nach dem Schicksal.

Das Mindeste, was das Schicksal für mich tun konnte, war, mir den kleinen weißen Prinzen zu schicken, der jetzt der Größte ist.

Die Wahrheit ist: Der kleine weiße Prinz ist uns vom kleinen Ritter geschickt worden. Nur deshalb haben wir ihn sofort ins Herz geschlossen. Andernfalls wäre ja Verrat im Spiel gewesen.

Der kleine weiße Prinz war so gut wie vom ersten Tag unseres Zusammenlebens an stubenrein. (Nicht alle seine Vorgänger waren in diesem Punkt so schnell so mustergültig.) Ich brauche fast nie eine Leine für ihn. Er läuft auf dem Gehsteig. Er hält sich neben mir, wenn ich ihn rufe. Im Auto wartet er ab, ob er aufgefordert wird, herauszuspringen. Wenn's sein muß, bleibt er drinnen und hütet die Lenkradsperre. Wird ihm nichts Spezielles abverlangt, rast er pfeilschnell los und zieht glücklich weite Kreise in der Wiese und um mich herum, ausgelassen, japsend vor Wonne. Er ist ein Wunder an Aufmerksamkeit und Kooperation, denn nichts, was er kann, mußte ihm mühsam und mit Strenge beigebracht werden. Ich bin ihm verfallen, obwohl er noch nie den Geschirrspüler ausgeräumt hat.

Kleiner Prinz, sage ich zu ihm, du mußt mithelfen, daß ich einen Bestseller über dich schreibe. Ich brauche drin-

gend eine Ruhepause. Dieses unablässige Ausspucken von Wörtern, diese jahrelange Produktion von Meinungen haben meine Kräfte durchgewetzt, ich muß Ansichten sammeln: weite Meerblicke, mattgoldene Siestastille, den Geruch nach Regen, grüne Bergwände um melancholische Seen, den Atem fremder Straßen in fremden Städten, neiderregende Sätze zwischen Buchdeckeln.

Der kleine Prinz stimmt mir zu. Zumindest zeigt er mir, daß er weiß, was Lebensqualität ist. Er ruht auf dem Sofa, in entspannter Haltung, ein Kissen unter den Kopf geschoben, und riskiert ein träges Auge auf mich. Aus dem CD-Player strömt ein Flötenkonzert von Mozart. Der kleine Prinz seufzt zufrieden. Ich gehe nicht so weit zu behaupten, daß er zwischen Mozart und Brahms unterscheidet. Bloß, daß er öfter Mozart hört. (Ich? Ja, ja, ich auch. Schon gut.)

Begeisterung, überschäumende

Ich komme nach Hause, und ein Bündel weißer Zotteln fliegt die Treppe herunter. Glucksend vor Glück springt es an mir hoch, um mich auf die Nasenspitze zu küssen, dreht sich in der Luft, überschlägt sich vor Freude, fängt aus überschäumender Begeisterung den eigenen, wedelnden Schwanz ein, küßt mich wieder, küßt mich noch einmal und schleppt schließlich unter gurgelnden Gesängen, die sicherlich seine immerwährende Zuneigung zu mir zum Inhalt haben, einen Schuh an, den es in Ermangelung von Weihrauchfässern mir zu Ehren schwenkt. Was sind schon Weihrauchfässer gegen einen aus lauterem Herzen geschwenkten linken Schuh! (Okay, ich würde auch Weihrauch, Ruhm und ein Mercedes-Cabrio annehmen, aber das ist nicht das Thema.)

Noch nie hat sich ein anderes Familienmitglied derart stürmisch über meine Rückkehr aus den Gefahren des Supermarkts gefreut. Man könnte auch so argumentieren: Noch nie habe ich einem anderen Familienmitglied *Wuffi, den Kauknochen aus echter Büffelhaut* mitgebracht, aber das wäre eine billige Begründung. Es ist wahr, daß ich den weißen Prinzen gelegentlich mit kleinen Aufmerksamkeiten bedenke. Es ist jedoch nicht wahr, daß seine Freudentänze des Stimulantiums Bestechung bedürfen. Der weiße Prinz freut sich auf jeden Fall.

Zugegebenermaßen freut er sich auch über jeden Besuch, soll heißen, er führt seine Freudentänze nicht nur für mich

auf, aber das stört mich nicht. Ich bestehe nicht auf exklusiven Beziehungen, mein Selbstwertgefühl hängt nicht davon ab, daß nur ich, ich, ich allein gemocht werde. Eher im Gegenteil: Jemandes Ein und Alles zu sein, bedeutet einen Riesenklotz Verantwortung am Bein und viel Arbeit: *Du bist schuld, wenn ich unglücklich bin; es gibt ja sonst nichts, was mich glücklich machen könnte!* Vielen herzlichen Dank, aber ich hätte gern ein bißchen Entlastung. Deshalb: Erleichterung, weil der kleine Prinz keine zähnefletschende Bestie ist, deren Zuneigung sich darauf richtet, mich von anderen zu isolieren. Außerdem läßt seine gesellige Ader die Option offen, ihn in Krisenzeiten als Empfangschef irgendwo unterzubringen, damit er was beiträgt zum Haushaltsbudget. Und im übrigen gehe ich davon aus, daß ich sowieso die Nummer eins bin auf seiner Wertschätzungsskala.

Ich komme also heim, und es empfängt mich überströmende Zärtlichkeit. Ich gestehe, daß ich süchtig bin nach dieser überschwenglichen, offenkundigen, geradlinigen Schmeichelei. Vielleicht bin ich ein simples Gemüt, weil ich nicht scharf darauf bin, die mir eventuell geltende Liebe hinter eher befremdlichen Verhaltensweisen aufzuspüren. Die Offenbarung: – *Aber ich hab dich doch lieb!*, nachdem die Fetzen geflogen sind, mag ja ganz rührend sein, und vielleicht zeugt das Verstecken wahrer Gefühle in einer rauhen Schale von einer Raffinesse, deren delikate Qualitäten sich mir nicht erschließen, doch was soll's: So einfach strukturiert bin ich nun einmal.

Kinder sind manchmal zärtlich und öfters nicht, denn ihre Laune hängt davon ab, ob morgen Mathe-Test ist, und ob sie zu Katharinas Party eingeladen sind.

13

Männer brummeln vor sich hin, weil sie stundenlang nach ihrer Lesebrille gesucht haben, die irgendein Idiot hinter dem Fernseher versteckt hat. (Millionen Haushalte werden von anonymen Idioten terrorisiert, die arglosen Familienmitgliedern Gegenstände des täglichen Gebrauchs an abseitigen Orten verstecken, zum Beispiel Zahnbürsten in Zahnputzbechern. Um ihre Tücke auf die Spitze zu treiben, nehmen sie vorübergehend sogar die Gestalt der Familienmitglieder an.)

Katzen sind manchmal zärtlich und manchmal nicht, denn Katzen sind manchmal da und manchmal nicht da, und außerdem haben sie keine Zeit für umständliches Geschmuse, wenn drei Gärten weiter eine Vorstandssitzung des Gesangsvereins anberaumt ist.

Der Hund ist da, der Hund ist gut gelaunt, und der Hund ist zärtlich. Mag sein, daß auch der Hund ein simples Gemüt ist. Na und? Passen wir eben zusammen. Stimmt, das war kokett. Vergessen Sie mein Geheuchel von wegen *einfach* strukturiert. In Wirklichkeit sehe ich mich selbstverständlich als hochkompliziertes, vielschichtiges Geschöpf. Einigen wir uns darauf, daß der Hund zu mir paßt, weil er pflegeleicht ist *im Gegensatz* zu mir. Schwierig bin ich gern selber. (Natürlich gibt es auch schwierige Hunde, aber die überlasse ich den Anführernaturen, solchen, die mit wummernden Lautsprecherboxen auf rote Ampeln zurasen und vor Vitalität bersten, weil keines Gedankens Gewicht ihr Kraftstoffpotential reduziert. Ich überlasse ihnen die schwierigen Hunde in der Hoffnung, daß die Hunde gewinnen.)

Der kleine weiße Prinz ist, was ich nicht bin: sonnig,

leicht zu begeistern, genügsam, begabt, allem eine gute Seite abzugewinnen. Wenn wir das Haus verlassen, zieht er los mit der freudigen Unternehmungslust eines Abenteuerurlaubers; wenn wir zurückkehren, strebt er heimzu, als erwarteten ihn Tee und Hundekuchen am flackernden Kaminfeuer; wenn ich ihn mitnehme zu langweiligen Sitzungen, richtet er sich wohlig schnaufend auf ein längeres Schläfchen neben mir ein.

Na gut, er hat's einfacher: Wenn *ich* bei Sitzungen schlafe, ernte ich Mißbilligung. Sie, die/der Sie ohne Prinzen leben, können vielleicht jederzeit nach England düsen. Sie fragen sich im Kino nicht besorgt, ob's im Auto eh nicht zu kalt sein wird. Ich frage mich das schon, denn auf mich wartet darin der Hund und wenn es zu kalt wäre, sollte ich das Kino verlassen, selbst wenn der Film noch nicht aus ist. Ihre hellen Leinenhosen sind makellos, keine Pfotenabdrücke drauf. Wenn Sie einkaufen, erstehen Sie Tiegelchen mit Entenmousse und Prosciutto in hauchdünnen Blättern, statt sich mit Dosenstapeln und Trockenfuttersäcken abzuschleppen. Aber was sind diese läppischen Bequemlichkeiten gegen das beseligte Schnauben, mit dem der kleine weiße Prinz sich warm und weich auf meinen Knien zusammenrollt? Eben.

15

Was ein Hund nicht ist

Was der kleine weiße Prinz nicht ist: Er ist kein Kind-Ersatz, kein Partner-Ersatz und kein Ersatz für Freundschaften.

Ich kenne den listig verschlagenen Blick, mit dem ansonsten unbeachtete Zeitgenossen sich zu sozialen Champions aufplustern, indem sie behaupten, Hundelosigkeit wäre ein Indiz für intakte Menschenbeziehungen, weil mit Hunden zu leben bedeute, daß man an den Menschen gescheitert sei. Zwei-glatt-zwei-verkehrt-Ideologie. Geben Sie's auf: Den Schuh zieh ich mir nicht an. Dadurch, daß man keinen Hund hinterm Ofen hervorlockt, wird man noch nicht zur Attraktion jeder Geselligkeit.

Also. Lassen Sie uns die Vorurteile einzeln zerpflücken. Vorurteil eins: Mit einem Hund hat man ein (weiteres) Kind im Haus.

Ach ja? Wie halten Sie's denn mit Ihren Kindern? Lassen Sie sie im Wirtshaus unterm Tisch liegen? Sagen Sie »Platz jetzt!«, wenn sie Ihre Unterhaltung stören? Bleiben Sie sorglos, wenn die Kinder nie ein Wort Englisch erlernen? Und wie steht's mit Ihrem Hund? Muß er Algebra üben? Fährt er auf Sprachferien? Sparen Sie eine Eigentumswohnung für ihn an?

Sie sehe sich schon, sagte eine Frauensperson aus meinem Freundeskreis, als sie schwanger war, mit ihrem Kind auf einer Steinmauer in Cornwall sitzen und die aufgewühlte See betrachten, windumtost. Dann war das Kind da, und bald saß sie auf Spielplätzen herum, an Sandkisten und

16

neben nickenden Reite-Enten auf Spiralfedern, und wenn Wind aufkam, betrachtete sie aufgewühlt das Kind, denn es neigte zu Ohrenentzündungen.

Nicht, daß Hunde unsere Interessen wirklich teilen. Aber wenn es unser Interesse ist, von sturmumtosten Mauern auf die aufgewühlte See zu schauen und Emily Brontë zu zitieren, dann sitzen sie zumindest widerspruchslos neben uns, auch wenn sie dabei höchstwahrscheinlich nicht an Emily Brontë denken.

Kinder sollen nicht still neben uns sitzen. Kinder wollen nicht Emily Brontë vorgelesen kriegen, sondern – wieder und wieder – *Pumuckls Rache*. Kinder müssen fordernd sein, eigenwillig und neugierig. Kinder müssen sich weiterentwickeln.

Hunde brauchen nicht eigenständig zu werden, also müssen sie auch nicht eigenwillig sein. Hunde möchten Pumuckls Rache nicht vorgelesen kriegen, und wollten sie doch, dürfte man sich glatt weigern. Die Entwicklung von Hunden darf man ziemlich bald als abgeschlossen ansehen.

Der Umgang mit Kindern ist spannend, anregend, aufregend und anstrengend. Da tut es manchmal gut, zwischendurch auf die tosende See zu schauen (oder auf eine städtische Grünanlage) und still seinen Gedanken nachzuhängen, in Gesellschaft eines Geschöpfs, das ebenfalls still seinen Gedanken nachhängt (oder dem, was es dafür hält).

Kinder sind geliebte Wesen, von denen man sich nicht erhoffen sollte, daß sie mit uns in Einklang leben. (Würden sie's tun, wäre das besorgniserregend.) Wer auf Gleichklang mit einem liebenden Wesen aus ist, sollte sich einen Hund

anlachen, aber nicht *statt* eines Kindes. Nie wird der Hund uns kleine Zettelchen malen, wo in krakeligen bunten Buchstaben *Für Mama zum Gebuhrztag* draufsteht. Nie wird der Hund imstande sein, uns mit witzigen Wortspielen und erstaunlichen Einsichten zu überraschen. Nie werden wir mit dem Hund beratschlagen können, wie wir die Oma überreden, auf Kur zu fahren. Das Kind wird eines Tages, nein, noch immer nicht Emily Brontë, aber möglicherweise die Zeitung lesen und mit uns darüber reden, der Hund nie. Der Hund ist kein Kind-Ersatz.

Aber es ist fein, wenn der Hund mit uns auf die tosende See schaut, weil wir dann nicht mit dem Kind hadern müssen, das sich weigert, uns an einen Ort zu begleiten, wo keine Beach-Party stattfindet.

Zugegeben: Der Hund ist *kindlich* abhängig von uns. Wir werden ein Leben lang Verantwortung für ihn tragen müssen. Er ist darauf angewiesen, daß wir ihn ernähren. Er ist nicht imstande, allein den Bus zum Tierarzt zu nehmen. Genau das ist aber auch der Unterschied: Irgendwann putzt das Kind dem Hund die Ohren. Doch nie wird der Hund das Kind Französischvokabeln abfragen können. (Gemeinheit! Ungerechter Vergleich! Aufopfernd versucht der Hund seit Jahren seinerseits, dem Kind die Ohren sorgfältig per Schlabberzunge zu reinigen und erntet dafür nicht nur keinen Dank, sondern Quietschen und Kreischen. Nicht genug damit, wird er nun auch noch wegen seines mangelhaften Französisch verhöhnt! Wieso mache ich das? Ganz einfach: Weil ich mir meine Sätze nicht mehr abwürgen lasse, wenn sie mir schon einmal eingefallen sind.)

Vorurteil zwei: Der Hund als Partner-Ersatz. Ach, was,

18

sage ich nur. Ist ein Partner ein sprachloses Wesen, ergeben an unserer Seite, unfähig, unseren Überlegungen zu folgen, aber vollauf zufrieden, weil wir ihn nicht auf der Rückbank unseres Autos zurückgelassen haben?

Sagen Sie nicht: Eben weil menschliche Partner diesen (unseren) Vorstellungen nicht entsprechen, müssen wir, die wir uns an Hunde halten, uns an Hunde halten. Ich behaupte das Gegenteil: Eben weil wir uns eh Hunde halten, brauchen wir fürs Hündische keine Menschen.

Der Hund ist kein Partner-Ersatz, denn er versteht nix von Politik, trägt den Mülleimer nicht runter, verlegt keine Lichtleitungen, ist ein Kunstbanause und hilft nicht mit, den Wohnungskredit abzustottern. Diese Beschreibung paßt zwar auch auf viele Menschen, aber der Unterschied ist folgender: Wenn wir wollen, dann können wir nach einem Menschen suchen, der was von Politik versteht, im Haushalt hilft, die schönen Künste liebt und zu gemeinsamem Wirtschaften bereit ist. Und wir haben eine, wenn auch nicht übertrieben große Chance, ein menschliches Wesen zu finden, das unseren Wünschen entspricht. Wir haben jedoch keine Chance, einen Hund zu finden, der den Mülleimer runterträgt. Na gut, äußerstenfalls treffen wir auf einen, der Ansätze von politischem Gespür zeigt. (Würde er sonst die Nase rümpfen, wenn der Law-and-Order-Typ auf dem Bildschirm erscheint?) Aber was die Brauchbarkeit der von Hunden verlegten Lichtleitungen anlangt, so stellt ihnen die Statistik ein ziemlich schlechtes Zeugnis aus.

Vorurteil drei: Der Hund ist ein Ersatz für Freundschaften. Quatsch. Der Hund ist ein Freund, das schon. Aber doch nicht der einzige.

Ich habe Freundinnen, mit denen bespreche ich die Welt im allgemeinen, und andere, mit denen bespreche ich die Welt im besonderen. (Mit Max und Mimi zum Beispiel bespreche ich die Welt im besonderen eher nicht, denn Max und Mimi sind der Ansicht, daß mir nur Männer gefallen, die mit braven Leutchen wie Max und Mimi nichts am Hut haben. Es fällt schwer, Ableugnungsarbeit zu leisten, wenn der Kerl, den ich zum Essen mitgenommen habe, seit einer halben Stunde in sein Handy schwatzt, angeblich dringender Geschäfte wegen.) Ich habe Freunde, mit denen gebe ich mir schrille kulturelle Events, und andere, mit denen gebe ich mir lieber 8 000 Kalorien vorm Fernseher. Ich würde ziemlich zögern, einen, der für schrille Events taugt, zu traulichem Schweigen vor der Glotze zu laden. Der Hund ist meistens dabei. Wäre er nicht dabei, würde er mir fehlen. Aber wenn ich über Pauls lächerliche Heiratspläne (»Schon wieder! Wie oft denn noch! In seinem Alter!«) geifern möchte, rufe ich nicht den Hund an, sondern meine Freundin Elisa, und ich würde mich schön bedanken, wenn ich bloß den Hund anrufen könnte.

Schminken Sie sich das mit dem Freundschafts-Ersatz also ab.

Im übrigen findet Elisa, ich bin gehässig, was Paul anlangt, und sein Alter sei ja wohl überhaupt kein Argument. Ziege. Macht auf gütig. Tut so, als wäre sie zu fein, Pauls Hosentürschlußpanik beim Namen zu nennen, dabei ist sie bloß sprachlich unterbelichtet.

Der weiße Prinz schickt mir einen zutiefst solidarischen Blick. Ja, genau. Hauptsache, *er* versteht mich. Wenn Sie verstehen, was ich meine.

Sommer auf dem Land

Die Sommer auf dem Land waren glühend heiß und ereignislos. Das Kind las sich durch die Tage. Es saß, während im Hof die Hitze flirrte, im Schatten der Einfahrt auf den Stufen zum Eingang, den Kopf über ein Buch gebeugt, denn im Nacken hockte ihm eine schnurrende Katze. Die andere hing über seine Knie wie wilder Wein und hakte sich, sobald die Gefahr des Abrutschens drohte, im Kind fest. Der Hund lag dem Kind zu Füßen. Dann und wann verließ eine Katze ihren Platz auf dem Kind und stieg schnurrend auf dem Hund herum. Dann und wann mußten das Kind und der Hund ausrücken und unter Zuhilfenahme langer Leitern kleine Katzen retten, die sich in den Weinhecken verklettert hatten. (Das Kind erklomm die Leitern, der Hund stand hechelnd an ihrem Fußende; so tat er seine moralische Unterstützung kund.) Manchmal kaute das Kind nach geglückter Rettungsaktion an den gummiharten kleinen Weinbeeren, lutschte sie aus und spuckte die Schalen dem Hund ins Maul, der sie mit Zirkusgrandezza aufschnappte.

Abends, wenn das Mondlicht durch die Gärten floß, gehörten die Wiesen hinter dem Haus dem Kind. Begleitet von seinem treuen Hund galoppierte es zwischen den tief hängenden Ästen der Obstbäume durch das taunasse, kühle Gras, über holprige Erdbuckel und durch Senken, in denen sich sumpfig das Grundwasser gesammelt hatte, auf den Waldrand zu, der scherenschnittartig vor dem silbrigblauen Himmel stand. Der Hund, wie ein schwarzer Schat-

ten neben dem Kind, gespannte Erwartung, beschützend und zu jedem Unternehmen bereit, war dem Kind treu, obwohl er sonst, das restliche Jahr über, an eine andere Person gebunden war, eine Verwandte des Kindes. Zwischen ihr und dem Hund bestand eine innige Beziehung, doch Sommer für Sommer trat die Verwandte den Hund weitgehend an das Kind ab, das für die Dauer seines Besuchs zu einer unauflöslichen Symbiose mit dem Hund zusammenwuchs. Im Dorf, das das Kind auf seinen abendlichen Streifzügen ein Stück entfernt im Dunkeln daliegen sah, gingen Menschen hinter den erleuchteten Fenstern so banalen Tätigkeiten wie essen, fernsehen, Melkmaschinen reinigen oder Füßewaschen nach, während das Kind und der Hund die mit Grillenzirpen bestickte Nacht in Besitz nahmen. Ab und zu blieb das Kind stehen, legte den Kopf in den Nacken und schaute in die Sterne, wobei es eine Art feierlicher Bedeutsamkeit fühlte. Vielleicht fühlte es sich aber auch nur verpflichtet, Fragen von metaphysischem Gewicht ahnen zu sollen.

Rückblickend neigt die Erwachsene dazu, die Sommer auf dem Land zu verklären. Weite Felder neben dem trägen Fluß, schattige Zimmer, Apfelbäume vor den Fenstern mit den hölzernen, grün lackierten Läden. An dem Kind jedoch nagte oft peinigend die Langeweile, und es sehnte sich nach der Stadt. Die Stadt hieß Leben und Abwechslung; die Gleichförmigkeit des Landlebens zwang es auf der Stelle treten. Später, als das Kind kein Kind mehr war, flog es in den Ferien zu Jubel & Trubel unter Palmen, wo es die Strandhunde fütterte.

Der erste in der Reihe der ländlichen Hundebekannt-

schaften war ein schwerhöriger alter Bursche, der aussah wie ein gebleichter Münsterländer. Das Kind wurde angewiesen, Distanz zu ihm zu halten, denn infolge Senilität neigte er dazu, aus unvorhersehbarem Anlaß aufzuspringen und grollend auf die nächstbeste Person zuzueilen, und man befürchtete, daß sich sein Groll einmal in Zuschnappen äußern könnte. Das Kind, das zu diesem Zeitpunkt sehr klein war, schwankte zwischen respektvoller Furcht (die sich schon daraus ergab, daß es sich, wenn der Hund vor ihm stand, Aug in Auge mit ihm befand) und der zähen Hoffnung, es würde ihm doch noch gelingen, das Wohlwollen des alten Burschen zu erringen. *Burschi* indessen segnete bald das Zeitliche. Spektakuläre Zuneigungsbezeugungen waren ebenso ausgeblieben wie spektakuläre Attacken. Das Kind behielt ihn wohl deswegen in Erinnerung, weil er den Grundstein für des Kindes Überzeugung legte, daß zu ordnungsgemäßen Sommerferien die Anwesenheit eines Hundes gehört.

Vielleicht muß man hinzufügen, daß nahezu die gesamte Familie des Kindes von jeher der Meinung war, ein Leben ohne Hunde (und Katzen!) sei schwerer vorstellbar als ein Leben ohne festen Wohnsitz.

Der Großvater des Kindes hielt stets eine Schar stolzer Katzen aus, unglaublich arrogante Geschöpfe, die, kaum trat der Großvater auf, zu anschmiegsamen Geishas mutierten. Die Mutter des Kindes erzählte gern lachend, wie sie, als sie selber ein winziges Kind war, vergeblich versucht habe, den stürmischen Zärtlichkeiten eines Hundes ihrer Großeltern zu entgehen: Trotz ihres Protestgeschreis hatte er sie jedesmal angesprungen, umgeworfen und dann, auf ihr

23

stehend, mit energischen Zungenstrichen ihr Gesicht gewaschen. Andere Menschen tragen von so was ein lebenslanges Trauma davon, die Mutter des Kindes machte eine drollige Anekdote draus.

Daß das Kind und seine Eltern, der Stadtwohnung wegen, in der sie lebten, das Schuljahr über ohne Hund auskamen, war ein grober Bruch mit der Tradition.

Noch zu Burschis Lebzeiten kam Maxi ins Sommerdomizil, eine schwarzweiße Terrierdame mit drahtigen Locken. Nachdem sie den Briefträger mehrmals brutal in die Flucht geschlagen hatte, mußte am Eingangstor eine Tafel angebracht werden, die vor dem *scharfen Wachhund* warnte. Dem Kind gegenüber war Maxi von nicht überbietbarer Sanftmut. Sie ließ sich im Puppenwagen spazierenfahren und blinzelte würdevoll unter einem Puppenstrohhut hervor.

Maxi paarte sich mit einem Liebhaber, den sie der Familie nicht vorstellte, und war eines Tages Mutter von zwei lebendigen Teddys, schwarzlockig der eine, cremefarben und goldbraun der andere. Der Schwarzlockige brauchte eine Weile, bis er die Spielregel, die besagte, daß nicht ins Haus gepinkelt würde, akzeptieren mochte. Es war der Wind, der ihm gegen den Strich ging. Er trat ins Freie, offenkundig in bester Absicht, schnüffelte, stellte fest, daß eine frische Brise wehte, hielt es für eine Zumutung, sein kostbares Hinterteil dem kühlen Hauch aussetzen zu sollen, kehrte um und wischelte gemütlich in den windgeschützten Hausflur.

Dieser charaktervolle Kerl wurde der Gefährte des Kindes. Sein goldbrauner Bruder übersiedelte nach ein paar Wochen zu einem Onkel der Familie, wo er in die Fußstap-

fen seiner Mutter trat: strenger Wächter, wenn Fremde das Gelände betraten, ganz wedelnde Liebenswürdigkeit Vertrauten gegenüber. Wenn das Kind auf Besuch kam, zog er, vom Onkel dirigiert, eine Show zirkusreifer Darbietungen ab. Dem Schwarzlockigen heftete sich das Kind an die Fersen. Irgendwann war Maxi verschwunden; das Kind hatte sie sehr lieb gehabt, trotzdem nahm es ihren Verlust ohne großen Kummer hin. Ihr Tod fiel noch in eine Zeit, in der das Kind das Kommen und Gehen von Lebewesen mehr registrierte als bewertete. Die Endgültigkeit des Todes war ihm noch nicht bewußt geworden.

Der Schwarzlockige war der Hund, der des Kindes Kindheit begleitete. So gut wie keinen Schritt machte das Kind ohne ihn in den Ferienzeiten, in denen es mit ihm unter einem Dach wohnte. Der Schwarzlockige war nicht extra wohlerzogen. *Bei Fuß* zu gehen hatte ihm nie jemand beigebracht. Er sprang unentwegt am Kind hoch, während er neben ihm herrannte, bellte vor Vergnügen so laut, daß halb Mitteleuropa über jeden seiner Schritte informiert war, und wenn das Kind mit dem Rad fuhr, dann feuerte er es zu noch mehr Tempo an, indem er nach dem Saum seiner Sommerkleider schnappte und daran zerrte. Die Familie prophezeite dem Kind gräßliche Unfälle, aber das Kind lernte bloß, erstklassig die Balance zu halten. Die Familie mochte den Schwarzlockigen, fand ihn jedoch manchmal etwas exaltiert. Deshalb scheuten die meisten Familienmitglieder davor zurück, ihn im Auto mitzunehmen. Da sowieso immer irgendwer im Haus war, konnte er geradesogut daheim bleiben. Als das inzwischen ziemlich groß gewordene Kind mit seinem ersten eigenen Auto vorfuhr, einem roten VW-Käfer,

packte es den inzwischen ziemlich alt gewordenen Schwarzlockigen hinein und ratterte mit ihm über Land. Die ersten Kilometer speichelte er vor Aufregung das Seitenfenster ein, aber bald saß er hocherhobenen Hauptes im Wagen und blickte stolz geradeaus auf die Straße. Von da an legte er ein starkes Interesse für VW-Käfer an den Tag (die kleine Cousine des inzwischen erwachsenen Kindes behauptete: für *rote* VW-Käfer), in die er einzusteigen begehrte, wo er sie stehen sah.

Danach wurde das erwachsene Kind dem Schwarzlockigen untreu. Es flog in den Ferien sonstwohin und verkehrte mit schicken Menschen, die über Sentimentalitäten erhaben waren. Sein Herz an Tiere zu hängen galt als sentimental, zumal schon die Verwendung des Wortes Herz auf eine verräterische Nähe zu Kitsch und Einfalt hinwies. Das erwachsen gewordene Kind wollte gerne unsentimental sein. Es erhoffte sich davon unbeschwerte Tage. Als es erfuhr, daß der Schwarzlockige mitten im Innenhof des Hauses, in dem er lebte, umgefallen und röchelnd verendet war, äußerte es Bedauern, sagte sich aber: Er war eben *alt*. Für das erwachsene Kind lag seine Kindheit unwirklich weit zurück. (Nie ist einem die Kindheit ferner als in den Jahren unmittelbar danach.) Der Schwarzlockige war ein Teil dieser mittlerweile unwirklichen Welt und schon seit einer Weile nur noch Erinnerung gewesen.

Tatsache ist allerdings: Alle Hunde, die der mittlerweile sehr Erwachsenen mittlerweile etwas bedeutet haben (die Erwachsene emanzipierte sich nach ein paar Jahren von den schicken Menschen und bekannte sich wieder ungerührt zu ihrer dann halt sentimentalen Tierliebe), ha-

ben Ähnlichkeit mit dem Schwarzlockigen gehabt, mit seinem Wuschelfell, seiner Fröhlichkeit, seiner Zärtlichkeit und seiner geselligen Anhänglichkeit.

Großer Hund trifft
kleinen Hund

Begegnung eins: Großer Hund trifft kleinen Hund. Großer Hund fletscht die Zähne, kleiner Hund weicht aus. »Haha, ein Angsthase!« triumphiert das Herrchen vom großen Hund. Das Herrchen vom großen Hund ist seinem Alter nach eine gute Weile über die Pubertät hinaus, nicht aber im Geiste. Weil große Buben nicht mehr raufen dürfen, verlängert es seine Flegeljahre mittels zähnefletschendem, rempelndem Riesenhund.

Begegnung zwei: Großer Hund trifft kleinen Hund. Der große Hund ist nicht angeleint. Ihm droht ja keine Gefahr: Wenn es zu einer Rauferei kommt, gewinnt er. Der große Hund fährt auf den kleinen Hund los, sein Herr lacht. Selber schuld, wer mit einem kleinen Hund spazierengeht. Die Herrin des kleinen Hundes hebt den kleinen Hund rasch hoch, jetzt fährt der große Hund auf sie los. Sein Herr lacht wieder. Selber schuld, wer einen kleinen Hund hat und ihn auch noch unversehrt behalten möchte. Lässig pfeift der Herr vom großen Hund nach seinem Potenzprotz. Der große Hund rutscht der Herrin vom kleinen Hund zögernd den Buckel runter, unter Hinterlassung langer Kratzer auf ihrer Jacke. Wenn sich die Herrin vom kleinen Hund jetzt aufregt, ist sie eine hysterische Zicke. Ist eh nichts passiert. Sie lebt, ihr Hund lebt, was will sie mehr. Und: Was hat sie den kleinen Hund auch hochgehoben! Man kann nicht beides haben wollen, einen unversehrten kleinen Hund und

eine unversehrte Jacke. Außerdem ist nicht erwiesen, daß der große Hund dem kleinen Hund wirklich einen nennenswerten Schaden zugefügt hätte. Selber schuld, wer schwache Nerven hat.

Begegnung drei: Kleiner Hund trifft Person ohne Hund und bettelt um ihre Aufmerksamkeit. Die Person ohne Hund tätschelt den kleinen Hund und sagt träumerisch: Auch sie überlege manchmal die Anschaffung eines Hundes, aber wenn schon, dann wolle sie einen *richtigen*, einen großen. Dabei schwebt ihr, man sieht es ihrem Gesicht an (zumal man im Laufe seines Lebens ja auch schon eine Reihe mehr oder weniger schwachsinniger Fernsehserien gesehen hat), dabei schwebt ihr eine Art behaarter Schutzheiliger vor, der kleine Kinder aus brennenden Häusern rettet und kraft seines Instinkts Verbrecher in die Flucht schlägt, noch ehe sonst jemand ihre finsteren Absichten enttarnt hat.

Ich würge, wie Sie vielleicht gemerkt haben, an einer Portion Bitterkeit. Sie gilt der Tatsache, daß die öffentliche Meinung meist zugunsten großer Hunde und zu Ungunsten der kleinen ausschlägt. (Das ist übrigens erstaunlich, denn häufiger ist die öffentliche Meinung auf seiten der kleinen Pfiffikusse und gegen die großen Lebewesen, denen sie tumbe Tölpelhaftigkeit nachsagt.) Der Grund sind allerlei merkwürdige Ideologien.

Zum einen ist Sozialdarwinismus im Spiel: Hinter der Verachtung schwächerer Hunde steht der Glaube an die Notwendigkeit *natürlicher* Ausleseverfahren. Wer den stärkeren Hund hat, hält sich daher für berechtigt, der Umwelt den Herrn zu zeigen. Zum zweiten sind altbackene Rollen-

bilder im Spiel: Der große, kraftvolle Beschützerhund, der, mit Spürnase, Rumfäßchen und sechstem Sinn ausgestattet, nie die Ruhe verliert und immer einen Ausweg findet, entspricht der Wunschvorstellung vom Übervater, auf den man sich stets verlassen kann und der immer weiß, wo's langgeht.

Und zum dritten ist Frauenverachtung im Spiel: Der kleine Hund gilt als Liebling *alter Weiber*, und die Geringschätzung, die alten Weibern entgegengebracht wird, überträgt sich auf die kleinen Hunde. (Auch ist auffällig, daß kleine, noch dazu wuschelige Hunde automatisch für Hündinnen gehalten werden. Wie alt ist *sie* denn? fragen mich die Leute und deuten auf den kleinen Prinzen. Klein und schwach ist gleich *weiblich*. Weiblich ist gleich weniger respektabel als männlich.)

Der weiße Prinz ist klein. Ich finde große Hunde nicht grundsätzlich unsympathisch, aber mit ihnen zu leben ist mir zu beschwerlich.

Der weiße Prinz ist sanftmütig. Ein *weicher* Hund heißt er in der Sprache der sogenannten Hundesportler, deren *sportlicher Ehrgeiz* auf harte Hunde aus ist, auf solche, denen energisch die Anerkennung der menschlichen Vormachtstellung abgerungen werden muß. Mir sind Machtkämpfe zuwider, und ich lehne es daher ab, mit Hunden zu leben, die ich ständig in die Schranken weisen müßte.

In vielen Hunderatgebern wird empfohlen, beim Hundekauf den Anführertyp aus einem Welpenrudel zu wählen. Ich habe mich nie dran gehalten, sondern mir immer Seelchen angelacht, und ich bin gut damit gefahren, aber ich wollte auch nie einen Wach- und Schießhund.

Zugegeben, der kleine weiße Prinz eignet sich nicht als Reittier für Kinder, er schreckt keine bösen Buben ab, und er wird uns voraussichtlich nie aus Schneestürmen retten, aber das spielt keine Rolle. Reiten kann man auch auf Pferden, gegen böse Buben gibt es Alarmanlagen, und Schneestürme kann man meiden. Außerdem ist nicht gesagt, daß die Wach- und Schießhunde im wirklichen Leben drehbuchgerecht funktionieren. Manche unterliegen im Kampf gegen böse Buben, manche lecken ihnen begeistert die Verbrechervisage, und manche kehren ihre Angriffslust gegen die Eigentümer.

Der Hund ist ein Rudeltier. Im Rudel hat ein Chef das Sagen. Wenn das Rudel aus Ihnen und einem Hund besteht, dann haben entweder Sie das Sagen oder der Hund. Hunde, die das Sagen haben, sind in ihrer Entscheidungsfähigkeit überfordert und kaschieren das, indem sie sich entscheiden, unentwegt Unterwerfung zu fordern. Kleine Hunde werden dann zu widerlichen, aufsässigen Kläffern, große zu einer Gefahr.

Wollen Sie das Sagen haben, müssen Sie dem Hund klarmachen, daß Sie die Entscheidungen treffen. Bei großen, scharfen Hunden bedeutet das ständige, schweißtreibende Machtkämpfe. Große, gutmütige Hunde sind kooperativ, aber ihre Nachgiebigkeit wird nicht selten durch das Gewicht ihrer Kraft gebremst.

Kleine, scharfe Hunde sind anstrengend, aber nicht so anstrengend wie große, scharfe, weil man ihnen leichter körperliche Überlegenheit demonstrieren kann. Kleine, gutmütige Hunde reagieren auf ruhiges Zureden. Kleine, gutmütige Hunde sind Hunde für Menschen, die eine

Abneigung gegen Herrschaftsgesten haben. Der kleine weiße Prinz ist ein kleiner gutmütiger Hund, der mich nie in die peinliche Lage bringt, gellende Befehle ausstoßen und ihn durch ruckartiges Zerren an der Leine domptieren zu müssen. Ich nehme an, Ihre bewundernden Blicke gelten im Zweifelsfall nicht mir, sondern der imponierenden Erscheinung, die majestätisch eine gezähmte Bestie mit sich führt. Das ist mir von Herzen egal. Ich weiß, wieviel Kraftaufwand im Zähmen von Bestien steckt, und bin heilfroh, daß mir diese unsympathische Arbeit erspart bleibt.

Abgesehen vom Ideologischen kommt ein kleiner Hund mir auch praktisch entgegen: Er braucht keine stundenlangen Spaziergänge, ich muß keine Futterberge für ihn heranschaffen, ich benötige keinen Kleinbus zu seiner Beförderung, und wenn wir fliegen, darf er mit in den Passagierraum. In den meisten Hotels und Restaurants sind wir mit ihm gern gesehen. Wenn er dreckig ist, ist er schnell geduscht. Wenn er geduscht ist und sich beutelt, schwimmt nicht das ganze Badezimmer. Um ihn zu bürsten, muß ich mir nicht den halben Tag frei nehmen. Wenn ich gerade keine Lust habe, ihn Gassi zu führen, schicke ich ihn in den Garten. Unser Garten ist groß, die Häufchen, die der kleine Prinz – diskret im Gebüsch – hinterläßt, fallen nie auf. Hört sich alles ziemlich banal an, ich weiß, und stinkt ab gegen das Heldenimage des Mantel- und -Degen-Hundes aus Fernsehen und Kino, aber so ist das Leben: prosaisch und alltäglich. Ich würde im wirklichen Leben ja auch nicht Kevin-allein-zu-Haus als Kind haben wollen. (Allerdings hätte ich nichts gegen Robert Redford allein mit mir zu Haus. Das Risiko, daß er sich als prosaisch entpuppt, würde ich eingehen.)

Er versteht jedes Wort!

Sagte ich schon, daß der kleine weiße Prinz jedes Wort versteht? Ja, ja, ich sagte es schon, aber ich kann es eben gar nicht oft genug sagen. Und wenn ich sage: jedes Wort, so meine ich: jedes Wort.

Sie werden mir gleich vorhalten, daß ich mir widerspreche, habe ich doch am Anfang eher skeptisch über die intellektuellen Grenzen der hündischen Kumpane referiert. Tja. Nun. Wer widerspricht sich schon nie?

Irgendwie, und obwohl das mit meiner Einsicht in die intellektuellen Grenzen einerseits stimmt, habe ich gleichzeitig das Gefühl, daß sich im Kopf des kleinen weißen Prinzen (und in dem des ehrfurchtgebietenden silbergrauen Katers, von dem später noch die Rede sein wird) weise Erkenntnisse türmen und daß es dem weißen Prinzen und der silbergrauen Eminenz ein Leichtes ist, meinen Überlegungen zu folgen, auch solchen, die ich nicht einmal präzise artikulieren kann.

Dieses Gefühl ist nicht ungewöhnlich und beweist gar nichts: Weisheit in die Natur – und somit in die stumme Kreatur – hineinzuinterpretieren ist eine alte menschliche Angewohnheit und entspringt unserem Bedürfnis nach Sinnfindung. *Ich weiß, ich weiß, was du nicht weißt:* Indem wir der stummen Kreatur unterstellen zu wissen, was wir gern wissen würden, haben wir den Sinn, nach dem wir suchen, zwar noch nicht erkannt, aber zumindest lokalisiert. In die sprechende Kreatur können wir kein beliebiges

Maß an Weisheit hineininterpretieren, bei der müssen wir uns mit dem begnügen, was sie von sich gibt. Obwohl eigentlich in jedem Fall zur Debatte steht, inwiefern Weisheit nicht bloß eine Definitionsfrage ist, und ob sie sich in Äußerungen äußern muß.

Was den weißen Prinzen und die silbergraue Hoheit anlangt – ... Nein, ich bin keine verkappte Monarchistin, im Gegenteil. Ehre, wem Ehre gebührt. Monarchen gebührt meiner Meinung nach keine besondere Ehre. Deswegen gestehe ich feierliche Titel wie Prinz und Hoheit denen zu, denen sie wirklich stehen. Mein Hund und mein Kater also sind, so stelle ich es mir vor (und wenn diese Vorstellung auch nichts beweist, so ist sie mir doch angenehm) mindestens neunmalklug. Nur müssen sie, indem sie sich aus Einsicht ins Konzept einer höheren Weisheit eben diesem Konzept fügen, gemäß ihrer hündischen bzw. kätzischen Natur handeln. Mein Hund reagiert wie ein Hund, und mein Kater reagiert wie ein Kater; das vereinfacht unseren Umgang miteinander. Sie verstehen jedes Wort, aber sie können ihre Reaktionen nur dergestalt auf meine Worte abstimmen, daß sie in das vorgegebene Muster sogenannter hündischer bzw. kätzischer Reaktionen passen. So fühle ich mich verstanden, ohne daß es unseren Umgang kompliziert.

Das Verhaltensmuster meines Hundes sieht außerdem vor, daß ich teilweise in der Babysprache mit ihm rede. Die Babysprache heißt so, obwohl kein verantwortungsbewußter Mensch mit einem Baby in ihr spricht. Das wäre gegen alle modernen pädagogischen Erkenntnisse. Die modernen pädagogischen Erkenntnisse schreiben vor, daß man auch mit kleinen Kindern schon in ganzen, grammatikalisch ein-

wandfreien Sätzen und vollständigen Wörtern redet, selbst wenn man den Eindruck hat, daß Vereinfachungen wie »Schön hei-hei machen!« oder »Schau, Bim-Bam!« der Kommunikation dienlicher wären.

Zur Kompensation des elterlichen Verzichts auf die Babysprache bei der Verständigung mit Kindern gibt es die Babysprache für die Verständigung mit Hunden. Ich gehe nicht so weit zu behaupten, daß ich einen Hund um mich brauche, um mich für den sprachlich korrekten Umgang mit meiner Tochter von klein auf zu entschädigen, aber ... Aber was? Das: »Komm, *Gassi*!« sage ich zum Hund. Und: »Jetzt gibt's *Fressi*!« Und: »Der Hund muß das *Hausi* hüten!« Ich sage es genüßlich. Worin der Genuß liegt, weiß ich auch nicht so genau.

Obwohl der Hund mühelos Sätze versteht wie: »Wenn dieser Idiot noch einmal *Paradigmenwechsel* sagt, schlachte ich den Fernseher!«, und obwohl er vielleicht besser weiß als Sie und ich, was ein Paradigmenwechsel ist (ich weiß jedenfalls, daß es ziemlich verblasen klingt, wenn ihn ein Tourismusmanager im Zusammenhang mit sinkenden Nächtigungszahlen bemüht), gebieten es die Spielregeln, daß ich nicht »Komm, Freund, wir müssen noch schnell zur Post!« zu ihm sage, sondern: »Komm, Gass-ssi!«

Manchmal mißachten der Hund und ich die Spielregeln. Dann sage ich zu ihm, während ich den Kofferraum meines Autos entlade: »Steh nicht hier herum, geh schon auf den Gehsteig!«, und er geht tatsächlich auf den Gehsteig. Aber im allgemeinen halten wir uns an das notwendige Zeremoniell. »Hiiier!« sage ich, auf dem Gehsteig. »Siiiitz. Bleib. Gleichch. Gleich kommt das *Frauli*!« Er grinst und sitzt.

Nein, er grinst nicht. Das habe ich jetzt nur behauptet, weil es sich so angeboten hat. Aber es ist falsch. Wenn ich sage: »Gleich kommt das Frauli!«, dann schaut er dazu passend drein. Er schaut wie einer, der es nötig hat, daß ihm akzentuiert ausgesprochene Stichworte geliefert werden.

Aber wenn ich frage: »Habe ich dir schon erzählt, daß es auf dem Mars vermutlich organisches Leben gibt?«, dann schaut er auch *dazu* passend drein. Er schaut wie einer, der seinerseits eine Menge über den Mars erzählen könnte. Oder über organisches Leben. Oder über Seidenblazer als Kopfkissen. He! Runter da!

Mit dem Kater in der Babysprache zu reden finde ich unpassend. Er ist nicht der Typ dafür. Er wirkt erwachsen. Sein Gesichtsausdruck ist ernst. Seine Bewegungen sind majestätisch. Er blickt gemessen. Wenn ihn etwas erbost, schreitet er zur Züchtigung. Seine Züchtigungen haben nichts von einer kindlichen Unangemessenheit, er weiß, was ihm zusteht und wahrt seine Grenzen, nicht mehr, aber auch nicht weniger.

Bisweilen tue ich das Unpassende und sage: »Schau, Mausi: fein Fressi!«, wenn ich ihm eine Mahlzeit vorsetze. Er geht immer elegant über den dreifachen Verstoß (*Mausi! Fressi! Fein* Fressi!) hinweg. Aber es wäre gelogen zu behaupten, daß er auf diese Art der Unterhaltung *ein*geht.

Hund und Katz'

Vor Jahren lebten wir mit dem klügsten und liebenswürdigsten Wesen, das je als schwarzweißer Spaniel auf die Welt gekommen ist. Das liebenswürdige Wesen in Spanielgestalt hieß Otto. »Dodo« sagte meine Tochter. Es war das erste Wort, das sie aussprach. (Das zweite war »Nein«. Auf »Ja« ließ sie sich erst viele Monate später ein. Wir versuchten mit raffinierten Tricks, ihr schon vorher ein »Ja« zu entlocken, aber es gelang ihr immer, alle unsere Fragen mit »nein« zu beantworten, notfalls, indem sie die Wahrheit manipulierte. »Soll ich dir vorlesen?« »Nein«, sagte sie energisch und hielt mir unverfroren ein Buch hin.)

Dodo war in einen kinderlosen Haushalt gekommen. Kurz darauf wurde ich schwanger. Sofort aß ich für zwei. Dodo schritt ein und verputzte die Häppchen, die ich mir fürsorglich den ganzen Tag über herrichtete, eilfertig, sobald ich mich wegdrehte. So bewahrte er mich davor, dreißig statt zwanzig Kilo zuzunehmen. Er selber nahm nicht zu, denn er machte viel Bewegung. In den nahen Weinbergen mußte er die Hasen im Schweinsgalopp und im Hakenschlagen trainieren. Außerdem schwamm er täglich, notfalls in dem winzigen Teich, der auf unserem Einkaufsweg lag. Der Teich bestand aus einem kreisrunden steinernen Becken und einem grün lackierten gußeisernen Frosch, der Wasser von zweifelhafter Qualität ins Becken spuckte. Bei Fröschen liegt stets der Verdacht nahe, daß man zu ihrer Erlösung beitragen soll. Vielleicht hielt Dodo sein Bad

im Teich für einen geeigneten Beitrag. Der Gußeiserne spuckte indessen weiter stumpfsinnig vor sich hin.

Dann kam das Baby, und Dodo war vollbeschäftigt bis zur Selbstausbeutung. Er hatte den Kinderwagen zu bewachen. Diese Aufgabe (die er sich selbst gestellt hatte) nahm er sehr ernst. Prompt wagten sich weder Schneelöwen noch Marsmenschen jemals in die Nähe des Babys. Nachts stand Dodo mit mir auf und wärmte mir die Füße, während ich das Kind fütterte. Untertags küßte er dem Kind die Hände.

Später, als es größer war und auf ihn zukrabbeln konnte, sah er sich gezwungen, ihm das Gesicht zu säubern. Ich reagierte, hysterisch, wie Mütter schon sind, mit Undank und bestand eifersüchtig darauf, das Kind selber zu waschen, und zwar mit Wasser. Er drückte großmütig ein Auge zu, übersah meine unqualifizierten Einmischungsversuche und wusch das Kind weiterhin, allerdings hinter meinem Rücken. Das Kind schätzte seine hygienischen Maßnahmen mindestens so sehr wie meine. Es planschte glucksend vor Vergnügen in der Badewanne, und es jauchzte vor Wonne, wenn Dodo ihm die Nase leckte. Tatsächlich bekam es entschieden lieber von Dodo die Nase geputzt als von mir, aber das verdrängte ich in meinem kleinlichen Konkurrenzdenken.

An einem glühend heißen Sommertag wurde Dodo krank. Ich brachte meine Mutter zum Bahnhof, er wollte nicht mitkommen. Ich zwang ihn, mich zu begleiten, er trabte müde neben mir her und am Froschteich vorbei, ohne hineinzuspringen. Der Tierarzt im Nachbarort, ein freundlicher Mann, diagnostizierte eine Angina. Dodo verkroch sich daheim in den Büschen. Der freundliche Tierarzt riet mir,

nicht zu verzagen, Dodo hätte nichts Ernstes. Als ich ihn schließlich in die Klinik brachte, war es zu spät, was die Tierärzte in der Klinik aber noch nicht wußten. Sie hängten ihn an Infusionsschläuche, denn er war vergiftet. Mir verboten sie, mich ihm zu nähern, weil es ihn zu sehr aufregen würde. Er hob im Nebenraum angestrengt den Kopf, als er meine Stimme hörte, ich konnte es durch eine Glaswand sehen. Ich näherte mich ihm nicht, nach Art braver Töchter, die tun, was man ihnen anschafft, damit kein göttliches Donnerwetter über sie hereinbricht. Dafür könnte ich mich heute noch in den Hintern treten. Mein braves Kuschen half nichts. Ich habe Dodo durch die Glaswand, an Infusionsschläuchen hängend, angestrengt den Kopf hebend, vergeblich nach mir spähend, zum letzten Mal in seinem Leben gesehen. Am nächsten Tag war er tot.

Erzählen Sie mir nicht, wie viele Menschen unter was für armseligen Umständen sterben. Ich weiß es. Ich würde es gerne ändern. Ich bin keine, die die Tränen um ihren Hund blind machen für menschliches Elend. Aber ich sehe den Kummer um einen Hund auch nicht als einen Verrat an den Mitmenschen an. Dodo hatte sich mir vertrauensvoll angeschlossen. Ich habe ihm nicht helfen können. Das ist ein beschissenes Gefühl.

Wir übersiedelten für ein Jahr nach Amerika, das war ausgemacht gewesen, und Dodo hätte mitkommen sollen, aber nun mußten wir ohne ihn fliegen. Meine Tochter umarmte auf ihren wackeligen Spaziergängen um den Block jeden Hydranten und sagte ratlos: »Dodo, Dodo!« Mir brach jedes Mal das Herz. Warum ausgerechnet Hydranten sie an Dodo erinnerten, habe ich nie herausgefunden.

Dann kehrten wir zurück, und unsere Nachbarn, die vorher schon mit einem schwarzen Kater gelebt hatten, eröffneten uns: »Wir haben jetzt noch einen Kater, einen silbergrauen. Aber der ist so scheu, der wird euch nicht zugehen.« Zwei Tage später lag der Silbergraue schnurrend in meinem Bett. Die Nachbarn unternahmen, Monate später, einen beherzten Versuch, ihn zurückzugewinnen: Sie rückten, die gesamte Familie, feierlich aus und trugen ihn, an der Spitze einer Prozession, zu sich nach Hause. Eine halbe Stunde später saß er wieder vor uns. Da resignierten sie, und als sie ihrerseits übersiedelten, ließen sie den Silbergrauen bei uns zurück.

Der Silbergraue begleitete uns durch turbulente Zeiten. Die Zeiten waren so turbulent, daß an eine Erweiterung der Familie nicht zu denken war. Wir lebten mit dem Silbergrauen, aber ohne Hund, obwohl die Lücke, die Dodos Tod gerissen hatte, weiterhin spürbar war.

So kam es, daß der Silbergraue – ein Jahr jung, als er zu uns zog – beachtliche zehn war, als erneut ein Hund unseren Haushalt komplettierte. Dieser Hund war der stolze kleine Ritter, von dem schon die Rede gewesen ist. Da wir nicht ahnten, daß wir ihn bald auf ebenso schmerzliche Weise verlieren würden wie den unvergeßlichen Dodo, erlebten wir anderthalb Jahre ungetrübten Glücks mit ihm. (An dieser Stelle fragen Sie sich möglicherweise, welcher hartnäckige Feind und Giftmischer es gleich zweimal auf meine Hunde abgesehen hatte. Ich habe mich das auch schon gefragt, weiß aber keine Antwort. Da ich mich nicht durch paranoide Überlegungen beunruhigen mag, glaube ich mittlerweile an unglückliche Zufälle, zumal der kleine

Ritter unmittelbar nach einem Ausflug in die Stadt erkrankte, was den Schluß nahelegt, daß er keinem gezielten Anschlag zum Opfer fiel, sondern daß er in den verdreckten Großstadtstraßen Gift erwischte, das ausgelegt war, um Ratten oder Tauben umzubringen. Nicht daß ich meine, es sei nichts dabei, wenn Ratten oder Tauben qualvoll verbluten – was mich erleichtert, ist lediglich der Gedanke, daß der kleine Ritter nicht absichtlich vergiftet wurde, weswegen keine besondere Heimtücke rund um unser trautes Heim vermutet werden muß.)

Der kleine Ritter war katzentauglich von Geburt an. Seine Mutter gehörte einer jungen Frau, die sich mit einem jungen Mann zusammentat, dem eine Katze gehörte. Am selben Tag, als der kleine Ritter geboren wurde, bekam auch die Katze Junge. Als wir den kleinen Ritter kennenlernten, tollte und rollte er mit zwei Hundegeschwistern und drei kleinen Kätzchen über Teppiche und Sofas. Er war winzig. Das lag nicht nur an seiner zarten Jugend (er war gerade neun Wochen), sondern auch in der Familie. Seine Mutter war ebenfalls nur eine Handvoll Hund, und der Vater, so versicherte man uns, noch kleiner als die Mutter. Obwohl ich, wie Sie mittlerweile wissen, nicht wild bin auf Kälber im Hundefell, war der kleine Ritter zunächst sogar mir ein bißchen zu klein. Ich hatte mir einen robusteren Burschen vorgestellt, deutlich kürzer als ein Kalb, aber doch auch deutlich länger als ein Meerschweinchen. Der kleine Ritter war kleiner als alle mir bekannten Kater. Es fiel mir nicht ganz leicht, ihn als Hund durchgehen zu lassen. Andererseits: Er war an Katzen gewöhnt. Und er konnte seiner geringen Ausmaße wegen auf keinen Fall eine Bedrohung für den Silbergrauen sein.

Wir schleppten den kleinen Ritter nach Hause. Die Selbstverständlichkeit, mit der er Besitz ergriff von Haus und Garten, erstaunte und entzückte mich. Ein Tier ins Haus zu holen, ist ja eigentlich immer ein Akt der Willkür; der kleine Ritter verwandelte ihn graziös in eine Notwendigkeit, der wir hatten nachkommen müssen. (Er unterschied sich darin weder von seinem Vorgänger noch von seinem Nachfolger. Aber die Geschwindigkeit, mit der Haustiere sich ohne viel Aufhebens einfügen und einleben, erstaunt und entzückt mich immer wieder aufs Neue.) Eilfertig wieselte der kleine Ritter die Büsche entlang, kontrollierte die Düfte, zählte die Käfer nach, inspizierte die Reisighaufen, goß die Bäume und kniff im Haus die Diwanpolster zurecht. Er ergriff Besitz von unserem Heim, ohne daß er jemanden enteignete. Die Rechte, die er für sich in Anspruch nahm, rüttelten nicht an den (älteren) Rechten der anderen Bewohner. Dem Silbergrauen begegnete er mit Zuneigung und Devotion. Der war dennoch erschüttert. Daß wir ihn plötzlich mit einem weiteren vierbeinigen Hausgenossen konfrontierten, hielt er sichtlich für eine unerhörte Taktlosigkeit. Es gab vermutlich nur eins, was noch schlimmer gewesen wäre als die Anwesenheit eines Hundes im Haus: die Anwesenheit einer zweiten Katze. Diesen Schock ersparten wir ihm zum Glück. Der Silbergraue schätzt es über alle Maßen, ein Einzelkater zu sein (wie sich mehrfach gezeigt hat, wenn Artgenossen Anstalten trafen, sich ebenfalls bei uns einzuquartieren).

Er betrachtete den Hund – aus gebührender Entfernung – mit Abscheu und Mißtrauen. Als der Kleine, begeistert, ein bekanntes (Katzen-)Gesicht zu entdecken, auf ihn zustrebte, ergriff er die Flucht.

Am selben Abend stieß er mit dem Hund dann in einem geschlossenen Raum zusammen, ohne daß sich ein Fluchtweg auftat. Der Kleine winselte, wedelte und wuselte abermals freudig zum Silbergrauen hin. Der Silbergraue erstarrte. Dann riß er sich zusammen und gab dem Hund todesmutig eins auf die Nase.

Ich krümmte mich unter Schuldgefühlen. Was hatte ich dem Silbergrauen angetan! Was hatte ich dem Kleinen angetan! Der Silbergraue war sicher viel zu alt, um sich noch an einen Hund zu gewöhnen! Der Hund würde bestimmt zu einem interessanten Fall von psychopathischem Katzenfeind werden angesichts der Feindseligkeit des Silbergrauen! Ach und weh.

Während ich noch nach einer Geißel spähte, um mich gebührend zu züchtigen, zog Friede ein. Der Silbergraue erkannte, daß der kleine Winsler harmlos war. Und der kleine Winsler hatte sowieso nie daran gezweifelt, daß das wunderbare Wesen in Silbergrau eine göttergleiche Erscheinung darstellte, der mit äußerster Demut und Verehrung zu begegnen war.

Fortan schritt der Kater durchs Haus, den Hund als lebende Schleppe hinter sich.

Wenn der Kater von der Hundeschüssel zu speisen geruhte, trat der Hund respektvoll beiseite und wartete ab, was ihm die graue Eminenz übrig ließ. (Es war immer genug.)

Wenn der Kater aus seiner eigenen Schüssel speiste, stand der Hund hinter ihm, bereit, die sorgfältige Endreinigung des Katzengeschirrs zu übernehmen. Manchmal ließ sich der Kater herbei, sich neben den schlafenden Hund zu

betten. Manchmal roch er bloß an ihm wie an Abfall. Dem Hund war, wenn er erwachte und den Kater neben sich gewahrte, stets blümerant. Schielend vor Vorsicht zog er sich sacht aus der Reichweite der Katzenpfoten zurück.

Der Kater äußerte nie enthusiastische Sympathie für den Hund. Aber er duldete ihn, und bisweilen schien es, als zähle er ihn zum notwendigen Inventar.

Der kleine Ritter war inzwischen zu einem tapferen Gesellen herangewachsen, der mit äußerster Furchtlosigkeit einen zähen Gummiball unter Zähnefletschen und Zerfleischungsversuchen durch den Garten trieb, obwohl das Gummimonster fünfmal so groß war wie er. Manchmal schoß meine Tochter den Ball scharf über die Wiese, und der kleine Ritter flog ihm nach, stürzte sich auf ihn und ritt auf ihm wie Münchhausen auf der Kanonenkugel, nur daß es sich bei ihm um einen Münchhausen in der Schrumpfversion handelte. Der Kater beobachtete es degoutiert und machte einen großen Bogen um Kind, Ball und Hunde-Münchhausen.

Aber wenn er das Haus betrat, und der kleine Ritter eilte unter aufgeregtem Wimmern und vielen Verbeugungen auf ihn zu, um sich an seine Fersen zu heften, nahm sein Gesicht, so kam es uns vor, einen Ausdruck diskreter Befriedigung an. Dann verschwand der Hund über Nacht. Der Kater wirkte irritiert. Nicht verzweifelt, nicht kummervoll, aber doch indigniert wie jemand, der aufwacht und feststellen muß, daß man ihm hinterrücks seine Biedermeierkommode abtransportiert hat. Er roch in die Hundekörbe hinein. Er schaute in die Winkel. Er sah sich um – kein Gefolge hinter ihm. *Eigenartig*, sagte sein Blick. (Schon

möglich, daß sein Blick auch was anderes sagte. *Sonderbar*, vielleicht. Oder: *Was, keine sieben Zwerge hinter mir?* Wie auch immer, wir entschlossen uns, *eigenartig* zu verstehen.)

Ich gehe jetzt schnell über die schreckliche, traurige Zeit hinweg, die dem Tod des kleinen Ritters folgte. Im ersten Schock hatten wir erklärt, uns nach keinem Nachfolger umschauen zu wollen. Wir wollten nicht irgendeinen Hund, sondern den kleinen Ritter zurück. Kein anderer konnte jemals so sein wie er. (Nach Dodos Tod hatte ich Dodo zurückhaben wollen. Die Tatsache, daß die Erinnerung an Dodo inzwischen mit dem Bild des kleinen Ritters verschmolzen war, stimmte mich keineswegs zuversichtlich. Na schön, ich hatte mich einmal umgewöhnt. Ein weiteres Mal umgewöhnen wollte ich mich nicht! Und wer garantierte, daß wir erneut Glück haben und einen finden würden, der seinen großartigen Vorgängern ebenbürtig war?)

Wir grollten dem Schicksal und schworen Hundeenthaltsamkeit. Das half nicht. Die leeren Hundekörbe standen entsetzlich leer herum. Manchmal brütete der Kater in ihnen. Wir sehnten uns danach, den Kater brüten und den Hund wieder ratlos um den Korb streichen zu sehen. Dieser Anblick hatte uns in der Vergangenheit häufig erheitert, weil der Ausdruck tiefsten Behagens im Katergesicht sich proportional zur Ratlosigkeit des Hundes verhielt. Praktische Mathematik. Der Hund hatte die Übung immer beendet, indem er sich seinerseits behaglich auf ein Sofakissen breitete. Nun meditierte der Kater in den Hundekörben ohne diese gewisse Aufgeplustertheit. Im Haus war es still. Ich liebe Stille, aber nicht, falls sie auf das Fehlen eines Hundes zurückgeht. Wenn ich morgens aus dem Bett stieg,

schusselte keiner schwanzwedelnd auf mich zu, um mir in der Gebärdensprache einen spannenden, glücklichen Tag zu versprechen. Das war öd. Ein Morgenmuffel bin ich selber.

Ich weiß nicht, ob ich mich klar genug ausgedrückt habe, um Sie nachvollziehen zu lassen, daß der frustrierende hundelose Zustand ein Ende haben mußte. Er hatte ein Ende, als wir auf die Idee kamen, ein eventueller Nachfolger des kleinen Ritters würde bestimmt vom kleinen Ritter im Hundehimmel geschickt sein. Der Rest ist Ihnen bekannt. Der kleine Prinz ist mehr als nur ein würdiger Nachfolger, er ist die Verkörperung aller guten Hundeeigenschaften. Diese Behauptung stellt keine Untreue seinen Vorgängern gegenüber dar, denn seine Vorgänger waren das zu ihren Lebzeiten auch. Der kleine Prinz ist, obwohl erheblich größer und kompakter als der kleine Ritter, kein Draufgänger. Wenn ihm meine Tochter einen Ball zukickt, geht er in Deckung. Vögel und Jogger – die der kleine Ritter auf Wald- und Wiesenspaziergängen mit wilder Jagdleidenschaft verfolgt hat – lassen ihn kalt. Das ist bequem für mich und ein Anlaß zu Genörgel für meine Tochter. Sie findet, der kleine Prinz ist, bei aller Liebe, ein feiger Schleimer. Da halbwüchsige Kinder Anlässe zu Genörgel dringend brauchen, bin ich dem kleinen Prinzen in zweifacher Hinsicht dankbar. Wer weiß, was ich mir sonst einfallen lassen müßte, um die pubertäre Mieselsucht meines lieblichen Kindes zu befriedigen.

Daß der kleine Prinz zwar klein, aber nicht klein-winzig ist, finde ich ebenfalls angenehm: Zerbrechliche Wesen wie der kleine Ritter (der zerbrechlich war, auch wenn er sich für einen Löwen hielt) bieten mehr Anlaß zur Sorge

als Wesen von robusterer Gestalt. Allerdings war es weniger schweißtreibend, den kleinen Ritter unterm Arm zu tragen als den kleinen Prinzen. Den kleinen Ritter trug ich unterm Arm durch Ausstellungen (die er nur besuchen durfte, weil ich versprach, ihn nicht auf den Boden zu setzen). Der kleine Prinz muß, da zu schwer für langes Herumgetragenwerden, auf das Bildungsgut jeglicher Ausstellungsbesuche verzichten, was kein edukatives Problem darstellt, aber bisweilen ein organisatorisches, zum Beispiel, wenn man fremde Städte besichtigt, wo es weder ein vertrautes Zuhause noch ein eigenes Auto gibt, in dem der kleine Prinz warten kann, während man durch Ausstellungen schlendert. Na ja. Man kann eben nicht alles haben. Ich verzichte lieber auf die eine oder andere Ausstellung, als auf das Zusammenleben mit dem kleinen Prinzen. Wenn Sie das für beklopft halten, ist das Ihr gutes Recht. Jeder Person ihre Prioritäten. Ich frage mich allerdings, welche Priorität Ihnen tröstend die Hände leckt nach einem erschöpfenden Tagwerk.

So. Es ist mir gelungen, ziemlich weit vom Thema abzukommen. Das Thema sollte eigenlich *Hund und Katz'* heißen, und ich kehre jetzt schleunigst zu ihm zurück. Nach dem kleinen Ritter zog also der kleine Prinz ins Haus, den der Kater bereits sehr gelassen beäugte. Um der Wahrheit den Vorzug zu geben vor Wunschprojektionen: Es steht nicht fest, daß der Kater nicht sehr gut zurechtgekommen wäre mit einem erneut hundelosen Haushalt. Seine Irritation über das Fehlen des kleinen Ritters schien sich schnell gelegt zu haben. Ganz abgesehen davon, daß wir sie uns vielleicht eh nur eingebildet hatten. Deswegen konnte in

den Blicken, die er auf den kleinen Prinzen richtete, als der kleine Prinz da war, auch eine leichte Enttäuschung liegen. *Was, schon wieder so ein Monster?* Das ist die skeptische Version.

Wir bevorzugen die romantische. Sie lautet: Auch der Kater sah den Einzug des kleinen Prinzen mit Erleichterung. *Endlich wieder vollzählig!*

Tatsache ist, daß er mittlerweile zum kleinen Prinzen eine ähnliche Beziehung unterhält wie zum kleinen Ritter. Der kleine Prinz ist der Zeremonienmeister des Herrn in Silbergrau. Wenn sich der Herr in Silbergrau dem Haus nähert (was der kleine Prinz vom Wintergarten aus sehen kann, den der silbergraue Herr für gewöhnlich durch eine Katzenschleuse betritt, wobei er kurzfristig gezwungen ist, seiner Würde durch geducktes Kriechen ein wenig Abbruch zu tun), kündigt ihn der kleine Prinz mit aufgeregtem Wimmern an. Hernach – die Katzentür mit Magnetverschluß ist laut, einem Paukenschlag ähnlich, hinter dem Silbergrauen zugeklappt, der nun majestätisch im Raum steht – hernach begibt sich der kleine Prinz eilig in den Windschatten des Majestätischen, der wiederum unverzüglich und so, als bemerke er den Prinzen gar nicht, seinen Freßnäpfen zustrebt.

In den Windschatten ist vornehm ausgedrückt; denn tatsächlich stupft der kleine Prinz mit seiner Nase den Silbergrauen unentwegt in den Hintern, es sieht aus, als verbinde die Hundenase eine Art magnetischer Kupplung mit dem Katzenpopo. Das ficht den Silbergrauen im allgemeinen nicht an.

Aber wenn er neben mir steht, mit strapazierter Geduld,

weil ich die Dose mit den Geflügelhäppchen noch immer nicht geöffnet habe, und der kleine weiße Prinz springt fiepsig herum, dann wird er so nervös, daß er sich am Prinzen abreagieren muß. Ohne Zögern marschiert er mit erhobener Pfote auf den Prinzen zu, der vergeblich auszuweichen versucht, und hackt streng nach ihm. Meine Schelte erträgt er mit stoischem Gleichmut. Hauptsache, ich mache endlich die verdammte Dose auf.

Andererseits hat sich der Silbergraue angewöhnt, den kleinen Prinzen und mich auf unseren nächtlichen Spaziergängen um den Block zu begleiten. Der Block, den wir umrunden, ist nicht wirklich ein Block, sondern eine lose Sammlung von Einfamilienhäusern in mehr oder weniger hübschen Gärten. (Unter weniger hübschen verstehe ich die, denen alte Fliederbüsche und Wildrosenhecken ausgetrieben wurden zugunsten sauber abgezirkelter Beete in sterilem Rasen. Glauben Sie nicht, diese Art von Gartenverständnis sei überholt. Erst kürzlich habe ich mitanhören müssen – denn die Wogen, oder vielmehr: die Schallwellen der Begeisterung gingen hoch – , wie eine Nachbarin sich beim Sonntagnachmittagskaffee von der Verwandtschaft feiern ließ, weil es ihr gelungen ist, ihren üppig grünen Vorgarten in eine sauber getrimmte Wüste zu verwandeln, in der wie Besenstiele adrette Rosenstöcke stecken.) Ich bin schon wieder abgeschweift. Macht nichts. Ihnen schon? Na gut, zur Sache. Die Sache ist wie gesagt die, daß ich mit dem Hund vor dem Schlafengehen noch einmal durch unsere Gasse und um die Ecke trabe. Kaum sind wir unterwegs, tritt mit schöner Regelmäßigkeit die graue Eminenz aus einem Busch oder hinter einem Pfeiler hervor und schließt

49

sich uns an. Das wäre noch kein Sympathiebeweis für den Hund, paßte die Eminenz ihr Gehtempo nicht nahezu exakt dem des Hundes an. Egal, wie weit ich voraus bin, die Eminenz schaut sich um, wo der kleine Prinz bleibt, und wenn der kleine Prinz aufgehalten wird, weil er sorgfältig die zahlreichen Botschaften studieren muß, die seine Kollegen an Mauerecken und Bäumen hinterlassen haben, dann bleibt auch die Eminenz zurück und wartet. So ziehen wir durch die Nacht: eine Frau im Sauseschritt, ein kleiner weißer Hund, der schon wieder in Sachen Spurensicherung innehalten muß, und ein silbergrauer Kater, der Verbindungsmann spielt zwischen der Frau und dem Hund. Man könnte auch sagen: Der Kater spielt den Hirtenhund, und der Hund und ich sind seine Herde.

Was will uns diese Geschichte sagen? Das: Vergessen Sie den ganzen Blödsinn von wegen *wie Hund und Katz'*! Die behauptete Feindschaft zwischen Hund und Katz' ist ein Tinnef. Die angeblichen Gegensätze sind keine. Die Unterscheidung zwischen *Hundefreunden* und *Katzenliebhabern* ist unnötig.

Ich sage nicht: Alle Hunde lieben alle Katzen. Aber ich weiß, daß viele Katzen und Hunde hervorragend miteinander auskommen, und daß noch viel mehr Hunde und Katzen hervorragend miteinander auskommen könnten, wenn nicht irgendwelche menschlichen Deppen sie aufeinander hetzten.

Ich bin in Haushalten aufgewachsen, wo die Hündin die maunzenden Katzenjungen zu säugen versucht hat, wenn die Katzenmutter gerade nicht da war, und wo der Hund sich als Teppich unter die Katzen breitete, die schnurrend seinen Rücken kneteten, ehe sie auf ihm Platz nahmen.

50

Und dafür, daß die silbergraue Eminenz, die Gunstbeweise sowieso sparsam dosiert, erst im höheren Alter mit Hundezuwachs konfrontiert wurde, hat sich auch das Verhältnis zwischen ihr und dem Hundezuwachs glänzend entwickelt.

Was die These anlangt, daß Menschen aufgrund ihres Naturells *entweder* zu Hunden *oder* zu Katzen tendieren, so verweise ich Sie in den Bereich der Sage, höflich ausgedrückt. Die angeblich grundlegenden Unterschiede zwischen HundefreundInnen und KatzenliebhaberInnen sind konstruierter Unsinn und rühren von ebenfalls falschen Klischees über den Charakter des Hundes bzw. das Wesen der Katze her.

Katzen sind frei, unabhängig und unzähmbar, weshalb auch Menschen, die sich zu Katzen hingezogen fühlen, freiheitsliebend, unabhängig und unzähmbar sind – beziehungsweise ungesellig, egoistisch und disziplinlos? (Positiv oder negativ: eine Frage der Interpretation.)

Ach was. Katzen sind äußerst gesellig. Sie begleiten einen durch den Garten, liegen einem beim Fernsehen auf der Brust (falls man selber beim Fernsehen auf dem Rücken liegt) und sabbern vor Wonne, wenn man, von Reisen heimgekehrt, endlich wieder zum Nackenkraulen zur Verfügung steht. Katzen sind anpassungsbereit. Sie benützen Katzenklos, lernen den Umgang mit Katzentüren, gewöhnen sich an Essenszeiten und schlafen lang in den Sonntagmorgen hinein, wenn die Menschen im Haus ebenfalls lang schlafen – vor allem der Mensch, in dessen Bett sie zu ruhen geruhen. Es ist geradezu rührend, wie sehr sie darauf bedacht sind, unsere Lebensgewohnheiten zu teilen. Mit einem halbgeöffneten

Auge prüft der Silbergraue, wenn er in meinem Bett liegt, ob ich schon aufstehe oder mich nur umdrehe. Drehe ich mich nur um, rollt auch er sich wieder zusammen.

He, Kater, ich finde es rührend, wenn du meine *Lebensgewohnheiten* teilst. Von meinem Thunfischaufstrich war nicht die Rede. Nein, ein Thunfischaufstrich ist keine Lebensgewohnheit.

Zugegeben, Katzen begleiten einen ungern auf Reisen, und auf Spaziergängen nur dann, wenn man eine ihnen genehme Route zu einer ihnen genehmen Zeit wählt. Trotzdem: Ihre *Unabhängigkeit* hat enge Grenzen. Ganz abgesehen davon, daß sie sich nur zu gern von unseren Futterspenderqualitäten abhängig machen (welche Wohnungskatze könnte sich schon vom Mäusefang ernähren, und welche Landkatze tauscht nicht bereitwillig erlegte Mäuse gegen frisch gekochte Leber?), abgesehen vom Profanen gehen sie auch eine enge emotionale Bindung mit den Menschen ein, mit denen sie zusammenleben, was bedeutet, daß sie tatsächlich mit uns *zusammenleben* und nicht bloß neben uns her.

Wird den Katzen fälschlicherweise Eigenbrötlerei bis zur Bindungsunfähigkeit nachgesagt (auf den mittelalterlichen Vorwurf der Falschheit gehe ich gar nicht ein, weil nur absolute Schwachköpfe ihre eigene Unfähigkeit, kätzische Gesten zu verstehen, der Katze als Hinterlist auslegen), wird den Katzen also zu Unrecht unterstellt, daß sie asozial und treulos seien, so haben Hunde den Ruf der speichelleckerischen, unterwürfigen Würdelosigkeit, und HundehalterInnen mit dem Vorwurf zu kämpfen, sie brauchten rückgratlose Untertanen um sich.

Alles Blödsinn. Ich will nicht ausschließen, daß es Typen

gibt, die sich Hunde zum Kujonieren halten – in jeder Personengruppe gibt es einen gewissen Prozentsatz von Psychopathen, auch unter Milchtrinkern und Kunstsammlern –, aber die Vorstellung, wer Hunde mag, müsse zwangsläufig für blindwütigen Gehorsam sein, ist albern. Hund ist zudem, siehe vorne, nicht gleich Hund.

Doch abgesehen davon, daß ein Kraftlackel von deutschem Schäfer eine strengere Hand braucht als ein Pudel, bedeutet *strenge Hand* nicht: brutales Unterwerfen. Was mich angeht, so brauche ich Hund *und* Katze um mich. Ich gestehe, daß ich mich eine Zeitlang vor allem zu meiner Katzenpassion bekannt habe. Ich wollte nicht in den üblen Ruf der Hundefreunde kommen, autoritär und kleinlich zu sein. Katzen zu lieben, hatte was Großzügiges. Wer sich mit einer angeblich unverbindlichen Katze zusammentat, zeigte, daß er/sie nicht angewiesen war auf die Selbstbestätigung, die kleinmütigen Naturen aus der Anhänglichkeit eines abhängigen Wesens erwächst.

Inzwischen pfeife ich auf derartige Klischees. Ich glaube nicht mehr an die Überlegenheit einer Liebe, die nicht auf Gegenliebe aus ist. Ich trage meine Liebe nicht mehr seufzend den Unerreichbaren hinterher. Das ist was für Pubertierende (oder ewig Pubertäre), die sich künstliche Buckel in allzu glatte Lebenspisten einbauen müssen, damit ihnen nicht fad wird. Ich liebe Katzen, *weil* sie im Grunde anhänglich sind. Und ich liebe Hunde, weil sie *noch* anhänglicher sind. Der Kater ist, vor allem im Sommer, viele Stunden allein unterwegs. Ich gönne es ihm. Nicht zuletzt, weil ich ja den Hund habe, und der ist bei mir. Ich mag das. Na und? Übrigens agiert der kleine

53

Prinz zeitweilig doch ein ganz kleines bißchen als Katzenschreck: dann nämlich, wenn fremde Katzentiere allzu unverfroren in unserem Garten, also auf dem Grund und Boden seines silbergrauen Gebieters, herumspazieren.

Bellend fegt er auf sie zu, vielleicht ja auch nur, um mit ihnen zu spielen; aber die fremden Katzen lassen sich in der Regel auf keine Verhandlungen ein, sondern suchen – ohnehin unterwegs in dem Bewußtsein, das Territorium eines Artgenossen möglicherweise unbefugt betreten zu haben – schleunigst das Weite. Ich stelle mir vor, der Silbergraue domptiert seine Kollegen in der Nachbarschaft mittlerweile mit der Drohung: »Wenn Sie mir nicht sofort aus dem Weg gehen, mein Bester, muß ich leider meinen Hund auf Sie hetzen!« Das wäre ziemlich bossy. Aber ich fürchte, der Silbergraue kennt diesbezüglich wenig Skrupel.

Von Stammbäumen

Spaziergang in der idyllischen kleinen Kurstadt, in deren Nähe ich wohne. Vor dem Klamottenladen, auf den ich zwecks Ankurbelung der heimischen Wirtschaft zusteuere, plaudern zwei Damen – rund und bieder die eine, hager, herrisch und aufgetakelt die andere. Ich habe nichts gegen das menschliche Bedürfnis nach Selbstdekoration (wie aus meinem beabsichtigten Klamottenkauf ersichtlich), aber es gibt eine Art von Takelage, die signalisiert: *Achtung, aufgeblasene Fregatte!* Die Takelage der Hageren signalisiert, daß sie sich dem Rest der Menschheit eindeutig überlegen fühlt.

Als ich, den kleinen weißen Prinzen im Schlepptau, an ihr vorübermarschiere, belehrt sie ihre Gesprächspartnerin, mit Blick auf den Prinzen und gnadenlos laut: »I wo, das ist doch kein *Malteser!*«

Selbstverständlich könnte es mir Wurscht sein, ob die Herrische den kleinen weißen Prinzen für keinen Malteser, einen Dornschwanzleguan oder eine Küchenrolle auf vier Beinen hält, aber ich bin gerade in der Laune, dröhnenden Besserwisserinnen ihre Besserwisserei nicht durchgehen zu lassen. Also bleibe ich stehen und teile den Damen freundlich mit, daß der kleine weiße Prinz sehr wohl ein Malteser ist. Die Herrische stellt es herrisch in Abrede. Die Biedere sagte ehrfürchtig, die Herrische sei eine Expertin. Ich sage liebenswürdig, die Herrische sei vielleicht eine Expertin, aber nicht für Malteser.

55

Die Herrische schnaubt, mit ihrem Zeigefinger nach dem kleinen Prinzen stechend: »Hat er denn einen Stammbaum, ha?«

So, das habe ich jetzt davon. Sage ich wahrheitsgemäß ja, stehe ich da als eine, der Stammbäume wichtig sind. Sage ich nein, triumphiert die Herrische.

Ich sage: »Ja, aber das ist mir total egal!«

Kein sehr überzeugender Abgang.

Szenenwechsel: Ein lauer Sommerabend in einer deutschen Großstadt. Der kleine weiße Prinz und ich sitzen mit ein paar Freundinnen und Freunden in einem überfüllten Straßencafé. Durch die gedrängt sitzenden Leute schiebt sich plötzlich ein kleiner weißer Wichtigtuer, dem kleinen Prinzen ziemlich ähnlich, wenngleich selbstverständlich nicht annähernd so hübsch. Der kleine weiße Prinz jauchzt vor Freude. Der Wichtigtuer fährt ihm blaffend übers Maul. Dann wackelt er weiter inspizierend durch die Menge.

Wie sich herausstellt, gehört der Wichtigtuer zu einer Dame, die den lauen Sommerabend mit mehr Bier begossen hat, als ihrem Gleichgewicht guttut. Wahrscheinlich handelte sie in bester Absicht und goß den lauen Abend, auf daß er gedeihe und weitere laue Abende treibe. Nun ist es zu spät, ihr zu eröffnen, daß ein botanisches Weltbild auch seine Schwächen hat.

Schwimmenden Blicks wankt sie an unseren Tisch, wo sie in die Knie geht, um den kleinen Prinzen streng zu mustern. (Kein Wunder, daß ihr Hund ebenfalls den Inspektionstick hat.) Dann teilt sie mir mit, daß sie ihren Hund unter Tausenden Hunden herauskennen würde. Zumindest übersetze ich mir ihren Satz »Chwüre mein

56

Hunn unna tausn Hunn' rauskenn'!« auf diese Weise. (Kann sein, daß ich mich irre. Vielleicht hieß er ja: *Meiner Meinung nach bedeutet die Chaostheorie einen Paradigmenwechsel!* Oder: *Madonna ist die Ikone des Strapszeitalters!* Oder: *Auch zum Zeitgeistwort »Mainstream« wird mir schon noch ein saublöder Satz einfallen!* Falls Sie überzeugendere Deutungen auf Lager haben sollten, schreiben Sie sie bitte dem Verlag. Soll der sich doch damit auseinandersetzen.)

Ich sage, jaja, so ist das, ich würde meinen Hund ebenfalls unter Tausenden Hunden herauskennen. (Vor allem baue ich darauf, daß er mich unter Tausenden Menschen herauskennen würde, aber das sage ich nicht, weil es mich zerstreut wirken ließe.) Sie sagt: »Mein Hunn issn echta Maltesa. Issn der da?«

Ich sage, mein Hund sei ebenfalls ein echter Malteser.

Sie sagt: »Awa meina hat 'ne kürzre Schnauze als deina. Meina issn echta Maltesa. Ich würde mein Hunn unna tausn rauskenn. Unn du?«

Ich lächle, ratlos, weil ich keine Ahnung habe, wie es mir gelingen wird, aus diesem Gespräch je wieder auszusteigen.

Sie fragt: »Iss deina 'n echta Maltesa? Mit Stammbaum? Siebsentes, achsentes Jahrhunnert un so? Meiner is nämlich 'n echta.«

Als sie mich anschließend mit der überraschenden Mitteilung verblüfft, daß sie ihren Hund unter Tausenden Hunden herauskennen würde, drehe ich ihr den Rücken zu. Schroff, aber es wirkt. Maulend erhebt sie sich und wankt weg, unter Gebrabbel, dem zu entnehmen ist, daß sie starke Zweifel hegt, ob mein Hund einen echten Stammbaum

habe, abgesehen davon, daß ihr Hund sowieso schöner sei, weswegen sie ihn unter tausenden …

Geschieht mir recht. Warum habe ich einen sogenannten *Rassehund*? Stammbäume sind was für anmaßende RepräsentantInnen der Firma Standesdünkel & Größenwahn, für großkalibrige Jungs und schlichtgestrickte Mädels, die ihr unterentwickeltes Sozialprestige kompensieren wollen, indem sie hündischen Adel kommandieren, oder für verbiesterte Schmalspurdenker, die denken, daß weiß blühende Erbsen den rosa blühenden überlegen sind.

Was verspreche ich mir nur davon, daß der kleine weiße Prinz ein *echter Malteser* ist?

Das kann ich Ihnen verraten: Ich habe mir davon eine gewisse Kalkulierbarkeit, vor allem seines Äußeren, aber auch seines Inneren versprochen. Wäre mir zu dem Zeitpunkt, als ich nach dem kleinen weißen Prinzen Ausschau hielt, eine entzückende Promenadenmischung über den Weg gelaufen, mit den Qualitäten des kleinen Prinzen, ich hätte nicht gezögert, sie an uns zu binden. Jedoch: Es war gerade keine derartige Promenadenmischung in Sicht.

Ich wollte einen kleinen Hund. (Die Gründe dafür habe ich schon aufgezählt.) Promenadenmischungen fallen aber meistens groß aus. Es scheint, daß vor allem große Hunde unbewacht promenieren, Liebesabenteuer im Sinn. Ich wollte eine zotteligen Hund, weil ich durch die Hunde meiner Kindheit auf Zottelhunde konditioniert bin.

Ich wollte einen möglichst jungen Hund, weil heranwachsende Hunde anpassungsfähiger sind als erwachsene.

Ich wollte einen jungen, möglichst nicht traumatisierten Hund, weil ich weder eine Lebensaufgabe noch eine

schweißtreibende Herausforderung suchte. Hunde mit schlechten Erfahrungen therapieren zu wollen ist lobenswert, aber eine Mühe, die ich mir nicht antun, und ein Risiko, das ich nicht eingehen mochte.

Ich wollte einen sanftmütigen Hund. Ich stelle es ungern fest, weil ich die Milieutheorie weitaus sympathischer finde als jegliche Berücksichtigung genetischer Dispositionen, aber der Charakter eines Hundes ist nicht *nur* eine Frage der Erziehung. Bei allen individuellen Unterschieden spielt die Rasse doch eine relativ große Rolle, was Temperament und Eigenheiten eines Hundes angeht. Jagdhunde jagen. Terrier sind kampflustig. Windhunde rennen, auch davon, wenn sie in drei Kilometer Entfernung was Interessantes erspähen. Der Eigensinn der Dackel ist Legende. Schmeichelweiche Dobermänner sind rare Ausnahmen. Malteser hingegen sind in der Mehrzahl freundlich und anschmiegsam. Hätte es im Tierschutzhaus gerade einen kleinwüchsigen, womöglich zotteligen Babyhund von sanftmütiger Wesensart und unverdorbenem Charakter gegeben, wäre mir jeglicher Stammbaum schnurzegal gewesen. Im Tierschutzhaus finden sich aber meistens Hunde, die ihren Besitzern zu beschwerlich geworden sind. Das bedeutet: Sie sind erwachsen, meistens groß und häufig schwierig, sei es, weil man sie schlecht behandelt hat, sei es, weil sie von selber eine unerklärliche Abneigung gegen andere Hunde, kleine Kinder, alte Damen mit Hut oder unversehrte Sessel entwickelt haben. (Ich kannte mal einen stämmigen rotblonden Spaniel, der begann eines Tages ohne erkennbaren Anlaß mit allen Anzeichen blindwütiger Verbitterung in die Sitzflächen von Stühlen zu beißen, und zwar so wüst, daß

das Holz krachend splitterte.) Sicher wäre es eine hervorragend edle Tat gewesen, eine neurotische Bernhardiner-Rottweiler-Kreuzung von ihrer Phobie gegen Besucher in Lederschuhen heilen zu wollen, aber ich kann nicht alle edlen Taten an mich raffen. Bringen Sie jeden Tag ein greises Väterchen über die Straße? Na eben.

Also suchten wir nach einem freundlichen Vertreter einer freundlichen kleinwüchsigen Hunderasse. Klein sollte er sein, aber nicht verbaut. Wir wollten nicht zuschauen, wie einer unter sogenannten Rassemerkmalen litt, die in Wirklichkeit skrupellos angezüchtete Verkrüppelungen waren. Das hieß: Keine kurzatmigen Schnarcher und Schnaufer mit Überbiß und Sabberfluß. Keine Stummelbeine. Keine Ohren bis zu den Zehen.

Der kleine Prinz hat eine normal lange Hundeschnauze. Die modische Tendenz, auch den Maltesern immer kürzere Nasen anzüchten zu wollen (weil potentielle Käufer angeblich auf das Kindchenschema der kurznasigen Hundegesichter abfahren), finde ich schrecklich. Meinem Dafürhalten nach sollte ein Hund wie ein Hund aussehen und nicht wie ein plattgewalztes Wollknäuel.

Das Fell des kleinen Prinzen lassen wir kurz schneiden, was ihm einen Touch von Eisbär verleiht. (Plattgewalztes Wollknäuel: nein, Eisbär: ja? Ja. Erstens überhaupt und zweitens, weil Eisbären genügend Luft kriegen, Plattnasen dagegen nicht.) Würden wir so wahnsinnig sein, den kleinen weißen Prinzen auf Ausstellungen herzuzeigen, müßte sein *Haarkleid* bis zum Boden reichen. Absurde Idee: Ein Hund, der sich ständig auf sein Haarkleid tritt.

Außerdem ist der kleine Prinz, wie bereits beschrieben,

für einen Zwerghund verhältnismäßig groß. Wir wollten ja auch einen Hausgenossen, kein Kuriosum. Den Kleinsten unter den Kleinen, den Größten unter den Großen, den Stärksten unter den Starken oder den Langhaarigsten unter den Langhaarigen haben zu müssen, ist was für Leute, die sonst nichts bieten können.

Daß der kleine Ritter extraordinär klein war (was etwas gilt auf dem Jahrmarkt der Eitelkeiten), haben wir nicht angestrebt, sondern bloß in Kauf genommen. Der kleine Ritter war übrigens ein Yorkshire Terrier. Yorkies sind ebenfalls wohlproportionierte Zwerghunde, von Haus aus streitlustiger als Malteser, aber dennoch leicht erziehbar. Schon vor der Anschaffung des kleinen Ritters haben wir beide Rassen in Betracht gezogen. Daß der kleine Ritter ein Yorkie war, war mehr oder weniger Zufall. Daß wir als Nachfolger keinen Yorkie wollten, hing damit zusammen, daß wir herzzerreißenden Vergleichen auszuweichen versuchten.

So viel zu Stammbäumen.

Was die Tatsache betrifft, daß der kleine Prinz (wie seine Vorgänger) männlichen Geschlechts ist: Sie hat nichts zu bedeuten. Purer Zufall. Die Geschlechtszugehörigkeit ist für mich kein Selektionskriterium. Punkt. Mehr habe ich dazu nicht zu sagen.

Höchstens das noch: Falls unbedingt Rollenbilder ins Spiel kommen sollen, dann plädiere ich für ein *Männlichkeitsbild*, wie es der kleine Prinz verkörpert – zärtlich, pfiffig, folgsam.

61

Terminator

Damit wir einander nicht mißverstehen: Ich habe nicht grundsätzlich was gegen große Hunde, im Gegenteil. Große freundliche Hunde sind wunderbar, vor allem, wenn man ein Schloß mit Schloßpark hat und Dienerschaft, die das Entflohen übernimmt. Ich liebe große, freundliche Hunde, ich bin bloß zu faul, sie selber zu halten.

Was ich nicht liebe, sind große, unfreundliche Hunde, die kleine Kinder anfallen, und blöde erwachsene Menschen, die daraufhin sagen, die Kinder hätten sich eben *falsch verhalten*.

Das liest man ja immer wieder in den Zeitungen: Kaum hat irgendeine Bestie von durchgeknalltem Hund irgendwo harmlose Spaziergänger mehr oder weniger zerfleischt, finden sich sofort selbsternannte Hundefachleute, die aus der Ferne diagnostizieren, daß die Schuld für das Massaker bei den Massakrierten zu suchen sei. Der Hund, sagen sie, habe sich sicher angegriffen gefühlt, denn die Angefallenen hätten schließlich einen Regenschirm mit sich geführt (nach Parfum gerochen/fragend dreingeschaut/Haare auf dem Kopf gehabt). Die kleinen Kinder hätten in der Sandkiste gespielt, kein Wunder, daß der Hund sie mit Kaninchen verwechselt und als Beute betrachtet habe. Die Kinder hätten nicht schreien dürfen, als der Hund auf sie zuraste. Die Kinder hätten nicht weglaufen dürfen, als der Hund ihnen an die Gurgel sprang – das Weglaufen steigere doch bekanntlich die Jagdlust. Die Kinder/die Alten hätten den Hund bestimmt provoziert; was haben so kleine Kinder/

gebrechliche Alte denn im Freien, noch dazu in einer Sandkiste/auf einer Parkbank zu suchen?

Diese Sorte Hundefreunde ist es, die alle anderen Hundefreunde in Verruf bringt. In Wirklichkeit gibt es nämlich überhaupt keine Entschuldigung dafür, daß ein Hund Menschen anfällt, die ihm nicht ihrerseits an die Gurgel gegangen sind. Kleine Kinder dürfen in Sandkisten spielen, ohne vorher die Lehrgänge *Hundepsychologie I, II, und III* absolviert zu haben. Menschen jeglichen Alters dürfen hüpfen, johlen, laufen, sich hinterm Ohr kratzen, nach Leberkäse und/oder Maiglöckchen riechen sowie kopfstehen, ohne damit rechnen zu müssen, daß ein nervöser Hund das als Aufforderung versteht, sich in eine Kampfmaschine zu verwandeln. Niemand hat die Verpflichtung, bei dem, was er oder sie tut, die eventuell gestörten Reaktionen eines gestörten Hundes einzukalkulieren.

Hunde, die ungesicherte Waffen darstellen, sind unter Verschluß zu halten. Daß die ungehemmte Aggressivität solcher Viecher insofern Menschenwerk ist, als sie auf Mißhandlung oder einer kriminellen Form des Züchtens beruht, ist zutiefst bedauerlich, aber kein Grund, die falschen Menschen dafür büßen zu lassen. Es gibt Hunde, die, warum auch immer, als gefährliche Raubtiere anzusehen sind. Manchmal sind sie umerziehbar, aber nur unter Blut, Schweiß und Tränen. Ein sentimentaler Glaube an das Gute im Hund ist jedenfalls als Rüstzeug zu wenig und schützt nicht vor ihren Angriffen.

Im übrigen glaube ich nicht mehr an die These, daß aggressive Hunde immer bloß auf Aggressivität gedrillt seien, weswegen durch entsprechende Erziehung jeder

Hund in ein lammfrommes Kuscheltier (zurück-)verwandelt werden könne. Ich habe es schon gesagt: Die Milieutheorie ist mir sympathisch. Zu denken, daß ein schlechter Charakter angeboren sei, deprimiert mich. Dennoch: Manche Hunde sind von Haus aus ziemlich verkorkst.

Einigen wir uns darauf: Der Mensch als vergleichsweise kompliziertes Wesen ist in einem relativ hohen Ausmaß von dem bestimmt, was er erfährt und lernt. Der Hund hingegen entwickelt, als vergleichsweise einfach strukturiertes Wesen, kein vielschichtiges Bewußtsein, sondern bleibt weitgehend, was er ist. Ist er von vornherein gutmütig und nur durch eine entsprechende Behandlung zum (Angst-) Beißer geworden, besteht eine Chance, sein ursprüngliches Naturell wieder zutage zu fördern. Allerdings kostet es größte Mühe. Ist er jedoch von vornherein beklopft, besteht wenig Aussicht auf Besserung.

Als ich noch an die Allmacht der Hundeerziehung glaubte, wollte der Mann, mit dem ich damals frühstückte, einen Bullterrier. Ich wollte einen Hund. Mit einigem Bemühen, dachte ich, würde es mir schon gelingen, auch einen Bullterrier zu einem Hund nach meinem Herzen zu machen.

Wir besichtigten Züchter und kamen drauf, daß die meisten ihre Hunde in Zwingern hielten. Das gefiel uns nicht. Schließlich fanden wir einen, bei dem hatte die Hündin Familienanschluß. Dort meldeten wir uns für einen Welpen an. Wir besuchten die trächtige Hündin. Sie schaute dumpf vor sich hin. Ich tätschelte sie. Sie ignorierte mich. Ich dachte mir: Mit einem Hund, den ich selber großziehe, wird das ganz anders. Die Männer redeten über *Stop, Downface* und die *Winkelung der Hinterhand.*

Die Jungen kamen zur Welt, sie sahen aus wie Würste. Wir betrachteten sie mit gebührender Rührung. Als unser Welpe neun Wochen alt war, nahmen wir ihn zu uns.

An das, was folgte, erinnere ich mich ungern. Der Hund, dessen frühkindliche (ja, sogar pränatale) Biographie keinerlei traumatische Erlebnisse aufwies, wurde zu einem mittleren Alptraum für uns. Er lernte nichts. Er hörte nicht hin, wenn wir was sagten. (Allenfalls reagierte er auf wüstes Brüllen. Ich hasse es, ständig wüst brüllen zu müssen.) Wenn wir ihn von der Leine ließen, raste er Hals über Kopf davon und kam nicht mehr zurück. Um ihn wiederzufinden, mußten wir nur in Richtung der Schreckensschreie gehen, die alsbald zum Himmel gellten, denn das Ende seiner Rennstrecke markierte er dadurch, daß er Menschen ansprang und zu unterwerfen versuchte, mit blindwütigem Eifer und unbeeinflußbar durch Proteste. Erziehungsmaßnahmen blieben fruchtlos.

Sein *Downface* war perfekt, auf einer Ausstellung (die wir auf die Bitten des Züchters hin mit ihm besuchten) bekam er einen Pokal, obwohl die *Winkelung* seiner *Hinterhand* nicht zu überprüfen war, weil er wie Rumpelstilzchen an der Leine sprang, als er den Preisrichtern vorgeführt wurde.

Aus der Hundeschule flog ich bald mit ihm raus: Es war ihm nichts beizubringen, denn er war vollauf damit beschäftigt, die anderen Hunde anzufallen. Nach der Geschlechtsreife ging er endgültig dazu über, jedes Lebewesen auf vier Beinen als Feind zu betrachten, den es zu meucheln galt. Im Gegensatz zu anderen Rüden kannte er auch Hündinnen gegenüber keine Galanterie: Egal, ob Rüde oder Hündin – er kam, sah und setzte auch schon zum

65

Sprung an die Gurgel an. Selbstverständlich führten wir ihn längst nur noch an der Leine. Wenn uns ein freilaufender Hund entgegenlief, schrieen wir Alarm. Manchmal belächelten die Besitzer der freilaufenden Hunde unsere *Hysterie*. Gelassen lächelnd sahen sie zu, wie sich ihr Bodo oder Arco unserem Hund näherte, der ohne jedes Vorgeplänkel zubiß. Aus die Gelassenheit. Schäumende Beschimpfungen und Anwaltsbeschwörungen. Also Leine und Beißkorb. Wir zerrten unser Monster in Ketten durch die Gegend, mühsam, denn das Monster verfiel, wenn es einen Beißkorb umgeschnallt bekam, in bejammernswerte Starre.

Ich suchte einen Abrichter auf, der dem Monster Einzelstunden gab. Nach vielen kostbaren Stunden, kostbar nicht zuletzt im materiellen Sinn, ging es manchmal neben dem Abrichter *bei Fuß* (allerdings nur an der Leine). Der Abrichter sagte, wenn ich früher gekommen wäre, hätte es vielleicht auch gelernt, manchmal neben mir an der Leine bei Fuß zu gehen.

Sobald es mit mir allein war (und es war oft mit mir allein, denn der Mann, dessen Wunsch es gewesen war, mußte viele lange Dienstreisen machen), platzte es vor Aufsässigkeit schier aus den Nähten. Es wälzte sich triumphierend in den Betten, biß erbost nach meiner Mutter, weil sie ein Stück Wurst in der Hand hielt, statt es sofort in seinen Rachen fallen zu lassen, und rannte in den Wohnungen, in die ich es auf Besuch mitnahm, sämtliche Möbelstücke auf dem Weg zur Eingangstür über den Haufen; dort kauerte es dann, hechelnd und speichelnd, und mimte auf Gefangener am Kerkertor.

Langsam wurde mir klar, warum die meisten seiner Artgenossen in Zwingern saßen, statt mit ihren Besitzern in Gasthausgärten.

Nach wie vor war unser Hund nicht ansprechbar. Nie suchte er den Blickkontakt, wenn man mit ihm redete. Stur starrte er vor sich hin. Er unterschied nicht zwischen uns und anderen Menschen. Jedem drängte er sich auf, mit jedem ging er mit, aber niemanden nahm er richtig wahr. Wenn ich mit ihm zum Flughafen fuhr, auf dem sein Herr nach seinen Dienstreisen ankam, zeigte er nicht die geringste Spur von Wiedersehensfreude. Rundherum jaulten andere Hunde Arien vor Glück – das Monster saß da und schaute an seinem Herrn vorbei. Am liebsten hockte es im abgestellten Auto, hinterm Lenkrad, und starrte stundenlang zur Windschutzscheibe hinaus. Früher, als es noch frei hatte laufen dürfen, war es manchmal auf die offenen Türen fremder Autos zugerast und ins Wageninnere gesprungen. Dort war es dann sitzengeblieben wie festgewachsen, das Gefuchtel der Autobesitzer und unsere Befehle (die sowieso) ignorierend.

Das alles klingt möglicherweise harmloser, als es war. Es war nämlich ausgesprochen frustrierend, für ein hundeartiges Geschöpf zu sorgen, das nie Anzeichen von Wiedererkennen zeigte, wenn es uns zu Gesicht bekam, und nur einen Lebenszweck verfolgte: andere im Kampf niederzumachen.

Ehe Sie sich jetzt hinsetzen, um mir einen Haufen Briefe über all die reizenden Bullterrier zu schreiben, die Sie kennen: Ich behaupte nicht, daß Bullterrier zwangsläufig gestört sein müssen. Ich behaupte nur, daß der, den wir

erwischt hatten, in einem pathologischen Ausmaß die Kampflust verkörperte, die zur Ausstattung der (Bull-) Terrier gehört, und daß sie bei allem Bemühen nicht auf erträgliche Dimensionen zurückzustutzen war.

So was gibt's. Der stämmige rotblonde Spaniel, der krachend in Stühle biß wie in Wurstsemmeln, entwickelte die fixe Idee, seinen Herrn terrorisieren zu müssen. Sein Herr, ein freundlicher Mann mit viel Erfahrung im Umgang mit Hunden, behandelte ihn nachweislich immer gut. Der Hund dankte es ihm schlecht. Er ließ sich zwar von ihm spazierenführen, aber auf dem Heimweg rannte er beispielsweise voraus zum Haus, stellte sich vor die Eingangstür und hinderte zähnefletschend den Menschen, mit dem er soeben einträchtig durch Wald und Wiese getrabt war, am Eintreten. (Zum Glück für seinen Herrn gab es auch eine Herrin. Die erlöste ihren verzweifelt an der Tür klingelnden Mann, indem sie erst einmal den Hund einließ und wegsperrte, damit auch der Mann herein konnte.) Wenn sein Herr von einem Zimmer ins andere ging, fuhr er hin und biß geifernd knapp hinter ihm in die Türstöcke, die er gerade passiert hatte. Er attackierte die Sitzflächen der Stühle, von denen sein Herr sich erhob. Eines Tages biß er dann nicht mehr auf Holz, sondern nach seiner Herrin. Sie trug zum Glück keine gröberen Verletzungen davon, quälte sich aber mit der Frage, womit sie ihrerseits die zarte Seele des armen Tieres wohl verletzt haben mochte. Ein anderer mir bekannter Hund, übrigens ebenfalls ein rotblonder Spaniel, beschloß eines Morgens, seinen Herrn nicht mehr aus dem Bett steigen zu lassen. Knurrend stand er davor und zeigte wütend die Zähne, sobald

der unglückliche Mann Anstalten traf, sich zu erheben. Auch hier geißelte sich die Familie mit Selbstvorwürfen, die erhellen sollten, wer den armen Hund womit total verwirrt haben könnte.

Es liegt aber der Verdacht nahe, daß die Hunde bereits total verwirrt zu den Familien kamen, möglicherweise aufgrund genetischer Defekte, denn rotblonde Spaniels waren eine Zeitlang begehrt und wurden deshalb zu quasi fließbandartiger Vermehrung gezwungen.

Auf unserem letzten Klassentreffen trug eine meiner ehemaligen Schulkolleginnen den Arm in der Schlinge. Sie hätte mehrere komplizierte Operationen hinter sich, erzählte sie, die verdanke sie leider dem Hund ihrer Schwägerin. Der Hund war einer aus dem Tierschutzhaus. Sein Vorbesitzer mußte ihn wohl, wie man so sagt, *scharf* gemacht haben. Das hatte zur Folge, daß er seine neue Herrin mit krankhaftem Eifer bewachte und rund um sie nichts als Feinde vermutete, die es auszuschalten galt. Wie sehr er darauf gedrillt war, ständig vermeintliche Angriffe abzuwehren, stellte sich freilich erst heraus, als meine Schulkollegin, zu Besuch bei Bruder und Schwägerin, eine Tasche aus dem Auto holte und danach wieder das Haus betrat. Der Hund, der sie zuvor, von der Gastgeberin gehalten, friedlich beschnuppert hatte, sah sie jetzt als Eindringling, sprang ihr wutschnaubend an die Brust, verbiß sich in ihren Arm und ließ erst wieder los, nachdem er ihn halb zerfleischt hatte. Die Schwägerin behielt den Hund. Schließlich hatte er sie beschützen wollen. Drei Wochen später wiederholte sich die Szene mit dem Hausherrn. Er hatte das Schlafzimmer verlassen, um ins Bad zu gehen. Als

er zurückkam und sich dem Bett näherte, in dem seine schlafende Frau lag, fiel der Hund auch ihn an.

Ich erzähle all das nicht, damit Sie sich fragen, ob meine bisherigen Lobgesänge auf das Leben mit Hunden Heuchelei oder Idiotie waren, sondern weil es Heuchelei wäre zu verschweigen, daß es auch Hunde gibt, mit denen sich's nur schwer leben läßt. Deswegen: keine scheelen Blicke auf die Opfer!

Lassen Sie sich nicht einreden, harmlose Menschen, die von gar nicht harmlosen Hunden gebissen werden, haben diesen Ärger schon irgendwie verdient. Wenn Sie erst einmal so was glauben, dann glauben Sie demnächst auch, Personen, die auf Bananenschalen ausrutschen (oder ekelhafte Warzen kriegen oder heulend vor ihrem abgestürzten Computer sitzen) erleiden eine verdiente Strafe. Zugegeben: Die *Selber-schuld!*-Theorie klingt gelegentlich bestechend. Aber nur so lange, bis man eines Tages mit ekelhaften Warzen behaftet vor einem abgestürzten Computer sitzt. Und dieser Tag ist oft näher, als man denkt.

Was mit Hunden geschehen soll, die für ein friedliches Zusammenleben verdorben sind, weiß ich übrigens auch nicht. Ich weiß nur, was mit ihnen nicht geschehen soll: Sie sollen nicht auf andere Lebewesen losgelassen werden, die arglos des Weges kommen, ohne darauf gefaßt zu sein, daß sie gleich Terminator spielen müßten.

Sozialkontakte, sortiert

Ich habe Kind, Hund und Kater. Das schränkt die Sozialkontakte in gewisser Weise ein. Manche Leute mögen Kinder, aber keine Tiere. (Manchmal mögen sie keine Tiere, weil sie glauben, daß die Liebe zu Kindern die Zuneigung zu Tieren ausschließt. Manchmal behaupten sie, sie mögen keine Tiere, damit man glauben soll, sie liebten Kinder.)

Manche mögen nicht keine Tiere, sondern bloß ausdrücklich keine Hunde. (Das sind die, die irgendwann einmal etwas über berühmte Hundefeinde gelesen haben. Jetzt hoffen sie, man hält sie für einen zweiten Tucholsky, wenn nicht gar für den wiedergeborenen Goethe, sofern sie sich nur recht abfällig über Hundsviecher äußern.)

Manche mögen Tiere, aber keine Kinder. (Das geben sie so nicht zu, aber die spitzen Blicke, mit denen sie das jugendliche Geschöpf durchbohren, das ihre lichtvollen Ausführungen durch plumpe Fragen nach Cola und Geld unterbricht, schockfrosten die Gemütlichkeit augenblicklich.)

Manche mögen weder Tiere noch Kinder. (Das geben sie nicht zu, aber ihre Panik, wenn sich eine Hundeschnauze ihren weißen Leinenhosen nähert oder wenn ein Kind droht, ebenfalls am Eßtisch Platz zu nehmen, ist unübersehbar.)

Manche mögen Hunde so sehr, daß sie selber einen haben, doch der verträgt sich womöglich nicht mit meinem.

Manche mögen Kinder so sehr, daß sie selber welche

haben, doch die findet mein Kind womöglich ätzend und umgekehrt.

Und dann sind einige noch allergisch gegen Katzen.

Natürlich hindert mich nichts, diejenigen, die mich am liebsten pur treffen wollen, ohne Anhang in Restaurants oder an anderen öffentlichen Orten zu kontaktieren. Ich kontaktiere sie auch, denn es wäre ungerecht zu behaupten, einer, der sich nichts aus häuslichen Idyllen mit Kind und Vierbeinern macht, wäre in jedem Fall kein amüsanter Gesprächspartner. Die wahre Innigkeit kommt aber nicht auf mit Menschen, die Getier am liebsten gebraten und Kinder am liebsten gar nicht sehen (von denen, die auch Kinder am liebsten gebraten sehen würden, rede ich erst gar nicht), schon deswegen, weil sie es nicht lassen können, kopfschüttelnd die Brauen hochzuziehen, wenn sich in den Einkaufstüten, die man mit sich führt, Geschenke für das Kind befinden, über dessen Frechheiten man erst vorige Woche geklagt hat. Wer sich in mein Auto setzt, läuft Gefahr, auf Kaugummis oder abgelutschten Kauknochen zu landen.

Wer mein Haus betritt, muß damit rechnen, daß makellose Outfits durch Hundepfoten oder Katzenhaare geschändet werden. (Nein, ich suhle mich nicht im Dreck, im Gegenteil, ich habe sogar eher einen Hang zu äußerster Hygiene. Doch trotz aller Putzerei ist mein Haus kein Ort, an dem städtische Eleganz unversehrt zur Geltung kommt wie im Guggenheim-Museum.)

Wer mit mir verreist, muß bereit sein, Kathedralen im Schichtbetrieb zu besichtigen (eine/r besichtigt, der/die andere wartet mit dem kleinen weißen Prinzen vor dem Portal).

Wer mit mir leben wollte, müßte sich darauf einstellen, daß ich die Herzen der Großstädte nur dann faszinierend finde, wenn ich nicht in ihnen wohnen muß. Gern streife ich durch brodelnde Straßenschluchten, sofern ich danach wieder heimfahren kann ins Grüne, wo Flieder an den Zäunen turnt und kleine weiße Hunde Gassi gehen können, ohne sich in schmierige Fetzenbündel zu verwandeln.

Es bleiben nicht die schlechtesten Sozialkontakte übrig, wenn man alle die Typen abzieht, die makellose Outfits wichtiger nehmen als zärtliche Stupser von Hundenasen und die unter Urlaub ungestörtes Schlürfen ultravioletter Drinks zwischen Palmen verstehen.

ReisegefährtInnen zum Beispiel, die es aushalten, wenn im Auto ein hechelnder Hund auf ihren Knien sitzt, weil er sich allein auf dem Rücksitz gerade viel zu verlassen fühlen würde, sind meistens insgesamt erfreulich pflegeleicht. Personen, die nicht seufzen und stöhnen, wenn abends mit dem anderen Gepäck auch Hundefutter, Hundeschüsseln und ein Hundekorb in die Motelzimmer geschafft werden müssen, seufzen und stöhnen auch nicht gleich, wenn es einmal vierzig Grad im Schatten hat (ich übrigens schon) oder wenn es drei Tage schnürlregnet oder wenn das Auto, mit dem man unterwegs ist, stets in abschüssigen Straßen geparkt werden muß, weil es in der Ebene nicht anspringt. (Haben Sie schon einmal versucht, in sommerlich überfüllten italienischen Städten einen abschüssigen Parkplatz zu finden? Sie haben zwei Möglichkeiten: entweder zu verzweifeln oder sich über die hochinteressanten Viertel zu freuen, in die sie andernfalls nie gekommen wären. Selber neige ich von meinem Naturell her durchaus zum Verzwei-

feln. Um so mehr brauche ich die Gesellschaft unbekümmerter Menschen. Menschen, die es nicht bekümmert, wenn der kleine weiße Prinz außer sich vor Begeisterung nasse Sandstrände entlangfegt, um anschließend übermütig an ihrem letzten Paar halbwegs sauberer Jeans hochzuspringen, sind unbekümmert genug. Man könnte auch sagen: Dadurch, daß der kleine weiße Prinz die Zimperlichen schon durch seine bloße Existenz abschreckt, erspart er mir manche Enttäuschung. Andernfalls würde ich vielleicht auf Leute reinfallen, von denen sich erst im gemeinsam gemieteten Ferienhaus herausstellte, daß sie immer dann, wenn sie dran wären mit Frühstückmachen, durch rasende Kopfschmerzen in ihr Bett zurückgeworfen werden.)

Was die Frage angeht, ob ich denn keine Möglichkeit sehe, ohne den kleinen weißen Prinzen zu verreisen, so fällt sie in die Kluft zwischen Theorie und Praxis. Meine Theorie besagt, daß sich die Einschränkungen durch Haustiere in vernünftigen Grenzen halten müssen. Theoretisch finde ich es schwer übertrieben, wenn jemand eine Einladung nach New York ausschlägt, weil er seinen Hund nicht mal zwei Wochen lang in eine Hundepension stecken will. Praktisch war ich seit Jahren nicht in England, weil die Quarantänebestimmungen es unmöglich machen, den kleinen Prinzen mitzunehmen. Ich liebäugle mit Städteflügen und lasse sie dann doch sein. Ich behaupte, daß ich von einer Kur träume, aber ich mache nie eine. Tatsache ist: Ich kann mir nicht vorstellen, welchen Erholungswert es haben sollte, in einem Kurpark ohne Hund spazierenzugehen. Und die Vorstellung, daß

der kleine weiße Prinz ratlos bei noch so lieben Leuten herumhängt wie welkes Gemüse und sich fragt, warum wir ihn, um alles in der Welt, plötzlich versetzt haben, verleidet mir von vornherein jeden Städteflug.

Es stimmt, daß ich keinem Mann zuliebe auf Ferien in England verzichten würde. Ein Mann würde ja auch wissen, daß es keinen Abschied auf immer bedeutete, wenn ich ohne ihn loszöge mit Kurs auf die Queen. (Wie sehr er dieses Wissen zu seiner Beruhigung brauchte, der Mann, ist ein anderes Thema und wird hier nicht diskutiert.) Der Hund wüßte es nicht. Der Hund wäre zutiefst beunruhigt. Dem Hund wäre nicht erklärbar, warum er tage- oder gar wochenlang kein einziges Familienmitglied zu Gesicht bekäme. Der Hund wäre ein armer Hund, weil er nichts kapierte. Im übrigen ist meine Opferbereitschaft insofern noch nicht überstrapaziert worden, als sich Einladungen nach Nepal oder Neuseeland eh nicht gerade in unserem Briefkasten stapeln.

Wenn ich behauptet habe, daß mir der kleine weiße Prinz möglicherweise manche Enttäuschung erspart, weil er mir gewisse Typen durch seine bloße Existenz vom Leib hält, dann darf das nicht dahingehend mißverstanden werden, daß er sozusagen mit sicherem Instinkt meine Kontakte vorsortiert, weil er die Guten von den Miesen zu trennen versteht.

Den hellsehenden Hund, der den betrügerischen Lumpen mit gesträubtem Nackenhaar schon an seinem Geruch als schäbigen Charakter identifiziert, lang vor allen Menschen (die glauben, der Typ sei charmant), diesen Hund gibt´s nur

in Fernsehserien, in denen Männer von Beruf alleinerziehende Förster sind, deren Kinder nach dem Gutenachtkuß augenblicklich in süßen Schlaf fallen. In der Realität haben Hunde oft einen ziemlich fragwürdigen Menschengeschmack. Ich denke da zum Beispiel an Tino. Tino war ein stolzer Collie, groß, würdig, mit eindrucksvoller Mähne, und zu Besuchern im allgemeinen freundlich, aber distanziert. Nie lag er jemand anderem zu Füßen als seiner Herrin, nie war er zu bewegen, mit jemand anderem das Haus zu verlassen als mit ihr. Nur ihr folgten seine anbetenden Blicke.

Eines Abends traf sich eine größere Runde bei Tinos Herrin, darunter unsere Freundin Anette mit ihrem neuen Lover, einem Mann mit sorgfältig gepflegten Bartstoppen und glatten Manieren. Daß Anette ihn ständig beseligt anlächelte, war zwar penetrant, aber nicht verwunderlich, denn wann sonst sollte beseligtes Lächeln angebracht sein, wenn nicht in der Zeit der jungen Liebe? Verwunderlich hingegen war Tinos Benehmen. Tino sah Anettes Liebhaber, blickte ihm tief in die Augen, seufzte wohlig, als der Fremde die Hand ausstreckte, um ihm den Kopf zu tätscheln, und sank mit einem erlösten Grunzen auf seine Füße, als hätte er endlich nach langer Irrfahrt seinen Heimathafen gefunden.

Anette betrachtete die Szene hingerissen. Ihr Gesichtsausdruck zeigte, daß sie sich zu ihrer Wahl gratulierte, erstens überhaupt und zweitens, weil Tino, dieses gute Tier mit seinem sagenhaften Instinkt, zu bestätigen schien, daß sie was Besonderes an Land gezogen hatte.

Als ihr Lover nach dem Essen fragte, ob er Tino vielleicht

Gassi führen sollte, kam die Gastgeberin gar nicht dazu abzulehnen, denn Tino wandelte sogleich wie hypnotisiert neben ihm zur Tür und mit ihm die Treppen hinunter. Anette folgte mit stolzem Grinsen.

Na ja. Anettes Geliebter entpuppte sich in der Folge nicht gerade als Blaubart. Er war bloß ein begnadeter Langweiler, und was ihm an Grips fehlte, ersetzte er durch Selbstgefälligkeit. Er lachte meckernd, wenn er lachte, meistens über seine eigenen Scherze, die sonst niemand erheiternd fand. Anettes Beseligung hielt nicht lang an. Doch Tino drapierte sich, solange sie mit diesem Liebhaber aufkreuzte, wattewolkenweich um seine Knöchel und schnaufte vor Glück. Wir mutmaßten, der Liebhaber habe einfach tierisch gut gerochen, vielleicht nach Achselschweiß. Daraufhin war Anette beleidigt. (Sie sollte nicht immer alles gleich persönlich nehmen. Andererseits ist es wahrscheinlich schwierig, Liebhaber unpersönlich zu nehmen.)

Der kleine weiße Prinz wiederum stimmt ein Freudengeheul an, wenn der Mann vom Wasserwerk den Zähler ablesen kommt, begrüßt den Briefträger wie seinen liebsten Verwandten, überschlägt sich vor Begeisterung beim Anblick beliebiger Apothekerinnen und gehört augenblicklich zum Fanclub jeder Person, die willig ist, mit ihm um den Schuh zu raufen, den er aus der Garderobe herbeischleppt. Dem kleinen weißen Prinzen ist es völlig egal, ob eine dieser Personen Mundgeruch hat, keine Ahnung von der Malerei des zwanzigsten Jahrhunderts oder abwegige Gedanken, die Asylpolitik betreffend.

Ich selber habe ebenfalls keine Ahnung, welche dieser Personen wie ahnungslos ist in bezug auf Malerei – und was

77

der Briefträger über Fragen der Asylpolitik denkt, muß mir insofern gleichgültig sein, als ich nicht verhindern könnte, daß er meine Post bringt. Aber wüßte ich, daß seine Ansichten darüber unerfreulich sind, würde ich ihn zumindest mit distanzierter Kälte behandeln. Solange ich gar nichts weiß über ihn, bleibe ich neutral.

Der kleine weiße Prinz hingegen bleibt nicht neutral. Der kleine weiße Prinz schließt jeden in sein Herz, der halbwegs freundlich zu ihm ist. Ich mache ihm das nicht zum Vorwurf. Ich sage nur: Seinen Menschengeschmack kann man nicht ungeprüft übernehmen. Macht nichts. Ich halte mir den kleinen weißen Prinzen ja nicht als politischen Berater.

(Elisa sagt gerade, sie würde eher den Menschengeschmack des kleinen weißen Prinzen ungeprüft übernehmen als meinen. Das sagt sie, weil ich sie seinerzeit mit ihrem nachmaligen Ex-Ehemann bekanntgemacht habe. Elisa ist eine kleinliche und nachtragende Person. Daß ich immer noch mit ihr befreundet bin, spricht gegen meinen Menschengeschmack.)

Griechisches Zwischenspiel

Als sie an ihrem ersten Abend auf der Insel vom nahen Restaurant über die stille, dunkle Landstraße zum Hotel zurückspazierten, war plötzlich ein schwarzer Schatten hinter ihnen. Die Frauen blieben stehen und drehten sich um. Der Schatten entpuppte sich als schwarzlockiger Hund mit Schlappohren. Er hielt ebenfalls inne, in gebührendem Abstand, und wedelte zögernd. Max sagte: »Bitte nicht! Das gibt eine Tragödie! Ich kenne das!«

Die Frauen kümmerten sich nicht darum. Max war der Vernünftige im Verein, was er sagte, hatte immer Hand und Fuß, weshalb es an die Warnungen der Eltern erinnerte, weshalb es sofort verworfen wurde. Max hatte die Vaterrolle, gruppendynamisch und demnächst auch wirklich, denn Theresa war schwanger. SIE wäre auch gern schwanger gewesen, aber ER dachte nicht an trautes Heim, Glück allein (oder vielmehr: zu dreien). Das heißt, zu dritt waren sie gewissermaßen öfter schon, aber das war dann nicht die Dreierkonstellation, die ihr vorschwebte. Der Hund folgte ihnen ins Hotel. Theresa und SIE beschlossen, ihm Futter zu organisieren.

»Du lieber Gott!«, sagte Max, unermüdlich und unbedankt warnend wie alle Propheten. »Ihr glaubt es mir nicht, aber so fangen Katastrophen an. Gefühlsmäßige, meine ich.« SIE ging mit Theresa die Hotelküche suchen. ER blieb rauchend zurück, schweigend. ER war daran gewöhnt, sich anbahnenden Gefühlskatastrophen schweigend gegenüberzusitzen.

In der Hotelküche schnorrten sie einen großen Teller voller Fleischreste, den der Hund gierig leerfraß. Danach setzten sie sich auf die Terrasse vor ihren Bungalows, schauten in die laue Nacht, knackten Pistazien und tranken Wein (bis auf Theresa, die sich an Mineralwasser hielt). Der Hund lag in ihrer Mitte, satt und schläfrig. Um herauszufinden, wie er hieß, redeten sie ihn probeweise mit verschiedenen Namen an: »Dimitrios!« riefen sie. »Zeus!« »Homer!« »Josef!« »Doktor Meier!« »Herr Reithofer!« Bei *Reithofer* hob der Hund den Kopf und wedelte. Reithofer hieß ein Kollege Theresas, *Karl* Reithofer. Also schlossen sie, daß der Hund Karl zu rufen sei. Karl war einverstanden und hörte ab sofort auf Karl.

Als sie zu Bett gingen, rollte er sich in einer Ecke der Terrasse zusammen. »Vielleicht kommt er ja noch zur Vernunft!«, sagte Max düster, »und ist morgen früh weg.« Am nächsten Morgen war Karl da, blankäugig und ausgeruht.

Max erinnerte sie täglich daran, daß sie die Ausgrabungen noch nicht besichtigt hatten. Sie nickten freudlos. Sie hatten nicht direkt was gegen die Ausgrabungen. Sie hatten nur was dagegen, sich von Karl zu trennen, der ihnen mit schmachtenden Blicken beteuerte, wie wichtig sie ihm seien.

Sogar in den befremdlichen Ozean hatte er sich gestürzt, um ihnen nahe zu sein. Als sie, einer nach der anderen, in die Fluten wateten, war er zunächst verzagt winselnd am Strand auf- und abgerannt. Schließlich raffte er den Mut der Verzweiflung zusammen und raste ebenfalls ins Wasser.

Die Wogen warfen ihn ans Ufer, spülten ihn weg und spuckten ihn wieder aus, bis SIE ihn endlich schwimmend

erreicht hatte und rettete, indem sie ihn aus der Reichweite des Meeres zog. Karl schüttelte sich. Er warf ihr befriedigte Blicke zu. Sie besagten: Schön, daß du einsiehst, wie wenig wir beide fürs nasse Element taugen. Übrigens hatte SIE mit Theresa und Max Flohshampoo besorgt. Sie desinfizierten Karl und spülten ihn klar und rubbelten ihn mit sämtlichen Badetüchern trocken, die sie hatten. Als sie fertig waren, beendete Karl die unsinnige Attacke auf sein Haarkleid dadurch, daß er sich blitzschnell und gründlich im Sand wälzte, bis er aussah wie paniert.

Schließlich mieteten sie einen Leihwagen, um die Insel abzuklappern. Karl ließen sie in der Obhut eines Kindes, das im selben Hotel urlaubte und seit Tagen begehrlich um ihn herumgestrichen war. Das Kind hielt Karl an einem Strick fest (den sie an dem abgeschabten Lederband um seinen Hals befestigt hatten), als sie ins Auto kletterten. Karl schaute verwundert.

SIE saß am Steuer. Als SIE startete, sah SIE im Rückspiegel, wie Karl stürmisch am Strick zerrte. Zögernd fuhr SIE an. Karl riß sich los. »Gib Gas!« schrie Max. SIE trat aufs Gaspedal.

Karl, der, den Strick hinter sich herschleifend, dem Auto nachrannte, wurde im Rückspiegel kleiner.

Sie waren sich einig, daß Max recht gehabt hatte, und daß es vernünftig von ihr gewesen war, auf ihn zu hören. Mein Gott, ein einziger Tag allein würde Karl nicht umbringen!

Erstaunlich war nur, wie von jetzt an jedwede landschaftliche Attraktion an einen schwarzlockigen Hund mit Schlappohren erinnerte, der vergeblich versucht hatte, auf einer staubigen Landstraße ein davonbrausendes Auto ein-

zuholen, beziehungsweise wie öd Landschaften ohne schwarzlockige, schlappohrige Hunde sein konnten.

Als der Tag nach vielen langen Stunden – es mußten mindestens 45 gewesen sein – endlich ein Ende nahm, fuhren sie, sehnsuchtsgebeutelt und krumm vor schlechtem Gewissen, zum Hotel zurück. (Es war, nebenbei bemerkt, von eher bescheidenem Charme, und normalerweise hätten sie es vermieden, viel Zeit dort zuzubringen.) Halb und halb waren sie darauf gefaßt, einen bitteren Abschiedsbrief von Karl vorzufinden. Doch weit gefehlt – sie waren kaum vorgefahren, da raste er auch schon heran, gebremst nur dadurch, daß er sich vor Freude überschlug! Sie schwammen in Seligkeit. Er trug ihnen nichts nach!

Blieb die Frage: Wie sollte es weitergehen?

»Bei aller Liebe«, sagte Theresa, »das Baby wird mir reichen. Mehr Sorgepflichten sind nicht drin. Außerdem käme er zu kurz, das hat er nicht verdient.«

SIE seufzte. Es hatte wenig Sinn, sich etwas vorzumachen. Ihr Leben daheim war nicht hundetauglich. Sie ging früh aus dem Haus und kam spät zurück. Mit Karl von Termin zu Termin zu hetzen und ihn abends zu Veranstaltungen mitzunehmen oder ins Kino, schien schwer möglich.

ER zuckte die Achseln. »Ich kann schlecht mit ihm durch die Gegend fliegen, oder?« (ER mußte öfters dienstlich ins Ausland.)

»Genau das habe ich kommen sehen«, sagte Max. »Das ist es, was ich gemeint habe.«

Seine Rechtbehalterei half ihnen auch nicht weiter.

Ratlos wanderten sie mit Karl zu dem Restaurant, wo sie am ersten Abend gegessen hatten. Trübsinnig saßen sie an

einem Tisch im Freien, unweit der kaum befahrenen Straße. Karl schnüffelte die Gegend ab.

Der Retsina schmeckte harziger als sonst.

»Wir sollten realistisch sein«, sagte Max.

»Karl ist all die Jahre bisher recht gut ohne uns zurechtgekommen«, sagte ER. SIE sagte nichts. Aber sie dachte an daheim, malte sich aus, wie sie als alleinerziehende Hundemutter mit Karl durch dreckige Großstadtparks trabte, statt bei Theaterpremieren (mit anschließender Premierenfeier) dabei zu sein, und fühlte bei dieser Vorstellung eine gelinde Panik in sich aufsteigen.

Sie hörten ein Auto kommen, es fuhr nicht besonders schnell. Dann hörten sie ein dumpfes Poltern. Das Auto hielt kurz an und fuhr wieder weiter. Karl! Karl lag auf der dunklen Landstraße. Frauen, Männer, Kinder stürzten hin und redeten durcheinander. Theresa begann zu schluchzen. SIE saß wie erstarrt.

Ein paar Kinder sprangen herbei, lachend, sie zupften an Theresa und ihr und redeten griechisch auf sie beide ein. Theresa schluchzte, SIE schaute abwehrend. Die Kinder hüpften wieder weg.

Ehe es jemand verhindern konnte, hatte eins von ihnen Karl ein Glas Wasser über den Kopf geschüttet. Und Karl stand! Wacklig, benommen hielt er sich auf den Beinen, während ihm das Wasser von den Ohren tropfte

Sie lachten und schluchzten und knieten sich vor Karl hin, um ihn zu umarmen. Karl sprang überdreht um sie herum, dann fing er plötzlich jämmerlich zu heulen an. Erneut eisiger Schrecken! Max hob Karl hoch, drückte ihn vorsichtig an seine Brust und wiegte ihn tröstend hin und

her. SIE sah zu, voll Angst um Karl, aber auch mit schmerz-
lichem Neid, weil Max so liebevoll und fürsorglich war, wie
ER nie sein würde.

Karl beruhigte sich langsam. Max setzte ihn vorsichtig
ab, er stieg in den verdorrten Rasen neben der Straße und
pinkelte und pinkelte und pinkelte. Einen ganzen See gab
er von sich. So entledigte er sich des ausgestandenen
Schreckens.

»Eine leichte Gehirnerschütterung, nichts gebrochen!«,
diagnostizierte am nächsten Morgen die Urlauberin, die
sich als Hundefachfrau zu erkennen gegeben hatte. (Der
einzige Tierarzt auf der Insel war unerreichbar in den Ber-
gen unterwegs, um die Schafherden zu warten.)

Sie hatte Karl sorgfältig untersucht. Nun sagte sie: »Ach,
der hat ja noch die Milchzähne!«

Sie starrten alle vier mit offenen Mündern. Karls schwar-
zes Fell war von grauen Fäden durchzogen, das Lederband
um seinen Hals abgestoßen und brüchig. Daraus hatten sie
geschlossen, Karl sei ein erwachsener, wenn nicht gar ein
betagter Hund. Wie dumm! Als ob graue Schläfen bei
einem Hund was zu bedeuten hatten! Und das Halsband
war wahrscheinlich schlicht ein Erbstück. Karl war ein jun-
ger Hund, umso weniger konnte man ihn einfach seinem
Schicksal überlassen. Fürs erste blieb ihnen allerdings
nichts anderes übrig, denn ihr Abflugtermin war gekommen.

»Wir lassen uns was einfallen, Karlchen, ganz bestimmt!«, versicherten sie. »Vertrau uns nur.« Sie hockten
vor ihm und kraulten ihn abschiednehmend hinter den
Ohren. Karl blickte waidwund, aber zuversichtlich. Jeden-

falls redeten sie sich das ein. Der Sohn des Hotelbesitzers versprach, auf Karl aufzupassen, bis sie ihm Nachricht geben würden. Sie hinterließen Karl eine Luftmatratze und einen Wasserball und reisten schweren Herzens ab.

Daheim kam für SIE zur Trennung von Karl die Trennung von IHM. Es war nicht länger zu übersehen, daß ER sich an nichts von dem hielt, was zwischen ihnen abgemacht war. ER war ein Trophäensammler. Zum Zweck des Köderns war ihm jedes Versprechen recht, gebunden fühlte ER sich an keins. Nun war er auf eine neue Trophäe aus. Als ER mit Jagdfieber in den Augen aus dem Haus ging, warf SIE ihm seine Habseligkeiten hinterher (es waren nicht allzu viele, sein mobiler Lebenswandel hatte bisher verhindert, daß er in den Besitz eines bürgerlichen Hausstandes gelangt war). ER suchte erleichtert das Weite. SIE leckte ihre Wunden und verkroch sich in den Höhlen belebter Lokale, wo der Trubel sie ablenkte von ihren Verlusten.

Zum Glück war Theresa nicht abgelenkt. Sie tauchte bei ihr auf und sagte: »Ich habe organisiert, daß Karl herkommt, und dann suchen wir ihm einen guten Platz.« Theresa hatte eine Luftbrücke zustandegebracht mit Hilfe einer befreundeten Air-Hosteß. Hotelgäste fuhren Karl auf Theresas telefonische Bitte hin zum Flughafen und übergaben ihn der Stewardeß, die ihn im Flieger mit nach Wien nahm. Als Karl eintraf, holten sie ihn zu dritt ab. Er heulte vor Freude, daß die Ankunftshalle bebte.

Karl zog fürs erste zu ihr, und wie SIE vorausgesehen hatte, war das Zusammenleben unter Alltagsbedingungen nicht einfach. Karl vertrug das Autofahren nicht. Er stieg ein und kotzte auch schon. SIE versuchte es mit der

Straßenbahn. Karl hielt ein paar Stationen durch, dann begann er zu würgen. Verzagt sah SIE ihre Termine davonschwimmen.

Im Büro lag Karl unglücklich neben dem Schreibtisch, ständig auf dem Sprung, das Zimmer zu verlassen, um mit ihr an den nächstbesten Strand zu ziehen. Als es zur Konferenz läutete und SIE aufsprang, um über den Gang zu eilen, sauste Karl ihr voran, zur Treppe und dann zehn Stockwerke in die Tiefe, wo der Portier ihn daran hinderte, auf die Straße zu rennen.

Heute vermutet SIE, daß Karl sich schon an ihr Leben gewöhnt hätte, und SIE sich daran, ihn einzuplanen. Damals fühlte SIE sich unter Druck gesetzt und außerdem schuldig, weil es Karl ihrer Meinung nach schlecht ging bei ihr.

SIE besichtigte mit Theresa zusammen mögliche Pflegeplätze. Etliche waren ihnen nicht gut genug. In einer Wohnung stank es, woanders war zu befürchten, daß Karl in Mäntelchen gesteckt und zu Tode gefüttert werden würde. Eine junge Familie im Grünen, mit kleinen Kindern und großem Garten, schien ideal. Nach einem Tag rief die junge Mutter empört an: Karl weigere sich auf »Purzeli« zu hören, obendrein springe er an den Kindern hoch, das habe sie nicht erwartet. SIE holte Karl wieder ab.

Ein Kollege brachte SIE schließlich mit Nachbarn zusammen, die vor kurzem ihren alten Hund verloren hatten. SIE versprach sich nichts von der Verabredung, hielt sie aber trotzdem ein.

Die Familie wohnte in einem Hochhaus, davor gab es allerdings eine große Wiese. Eine junge Frau öffnete Karl

und ihr die Tür, sie wirkte fröhlich und herzlich. Eine Viertelstunde später spielte Karl begeistert Ball mit den beiden Söhnen des Hauses, der Vater zeigte Fotos vom seligen Dackel, und mitten im Trubel schlief gemütlich eine Katze. Sie hieß Lignano, denn sie war gleichfalls eine Ferienbekanntschaft.

Karl lebte zehn glückliche Hundejahre lang mit Lignano & Co. (Ein höheres Alter war ihm nicht vergönnt, weil er aus seiner vermutlich kargen Babyzeit einen leichten Herzschaden zurückbehalten hatte.)

Es gelang, ihn langsam und in kleinen Dosen ans Autofahren zu gewöhnen. Täglich tollte er mit seiner jugendlichen Herrschaft auf der Wiese vor dem Haus herum. Nachts schlüpfte er zu den Jungen ins Bett. Die Eltern tadelten es milde.

SIE hielt Kontakt zu den Eltern, ihre Besuche aber in Grenzen, weil SIE gemerkt hatte, daß es die Kinder wütend machte, wenn Karl SIE stürmisch begrüßte und anschließend ihr zu Füßen lag. Die Zuneigung der Kinder zu Karl sollte nicht durch Eifersucht getrübt werden, und Karl sollte nicht in einen Loyalitätskonflikt geraten. Bis heute ist SIE überzeugt, daß Karl nichts Besseres hätte passieren können, als bei dieser Familie zu landen.

Und bis heute hat SIE das Gefühl, versagt zu haben, wenn SIE an Karl denkt, weil SIE seine Liebe und die Verantwortung für ihn weitergegeben hat, auf der Suche nach einem unbeschwerten Glück, statt sich der Sorgepflicht für ihn zu stellen.

Im übrigen wäre es ganz gegen ihr Naturell, wenn SIE reuelos an Karl dächte. Die Entwicklung von Schuldge-

fühlen zählt zu ihren auffälligsten Talenten. Despotie des Schicksals: Viel lieber hätte SIE ein Talent zum Sologesang. Aber leider muß man die Begabungen nehmen, wie sie kommen.

Sagen Sie mir, wie Ihr Hund heißt ...

Selbstverständlich heißt der kleine weiße Prinz nicht *Prinz*. Ein Hund namens Prinz wäre uns peinlich. Hunde namens Prinz oder Rex gehören zu Paaren, die altdeutsche Schrankwände daheim haben und einander »Mutti« und »Vati« nennen. Unsere Hunde heißen Emil, Kuno, Kajetan, Otto oder Rosi. Unsere Hunde haben charaktervolle Namen, die wirkliche Namen sind. *Hexi* oder *Purzel* sind keine Namen, sondern alberne Unterstellungen. Ein charaktervoller Hundename darf weder für Hunde noch für Menschen allzu gebräuchlich sein. *Wastl* oder *Seppl* heißt bald ein Hund. Wir fänden es einfallslos, einen Hund zu haben, der heißt, wie bald ein Hund heißt.

Michael beispielsweise heißt wiederum bald ein Kind. Solange Kinder häufig Michael heißen, käme ich mir abseitig vor, meinen Hund so zu rufen. (Wie Sie wissen, *unterscheide* ich zwischen Kindern und Hunden.)

Emil dagegen heißt kaum ein Kind und kaum ein Hund.

Sagen Sie mir, wie Ihr Hund heißt, und ich sage Ihnen, wie Sie sind.

Waldi: Sie waschen wöchentlich Ihr Auto, zählen immer das Wechelgeld nach, hören Blasmusik und achten darauf, ob die Nachbarn Sie auch ordentlich grüßen. Wenn Ihnen Reis zum Essen angeboten wird, sagen Sie: »Den überlasse ich den Chinesen.« Dabei lachen Sie verschmitzt. Sie sind überzeugt, daß Ihre Frau Ihren Sinn für Humor zu schätzen weiß.

Flocki: Sie tragen schief geknöpfte Jacken und kommen meistens zu spät. Ihre Spiegeleier zerfließen, Weine suchen Sie danach aus, ob Ihnen das Flaschenetikett gefällt. Eigentlich wollen Sie ein Restaurant aufmachen bzw. die Welt umsegeln bzw. Ihre Wände neu streichen. Nichts davon ist sich bis jetzt ausgegangen. Einstweilen arbeiten Sie im Büro, damit Sie Ihre Schulden abstottern können, aber Sie sind überzeugt, daß Sie noch mal groß rauskommen, als Malerin oder Regisseurin, sofern Sie vorher Ihre Lesebrille finden.

Ajax: Sie pfeifen ihm kurz und bestimmt. Sie sagen gern: »Wer nicht hören will, muß fühlen!« Für Ihre Kinder ist Ihre Frau zuständig. Sie wissen, daß Ihre Frau das so möchte, obwohl Sie sie noch nie danach gefragt haben. In Ihrer Hausbar stehen *edle Tropfen*. Sie halten sich für einen Naturschützer, denn Sie gehen auf die Jagd.

Teddy: Ihr Einfamilienhaus wurde nach baubiologischen Erkenntnissen geplant. Auf den Vollholzböden liegen bunte Flickenteppiche. Die Handtuchhalter im Bad sind mit Tiersymbolen gekennzeichnet: Ein Elefant für Papi, ein Entchen für Mami, eine Mieze für Viktoria, eine Maus für Simon. Ihre Kinder besuchen eine private Spielgruppe, die Mütter sorgen abwechselnd für einen gesunden Imbiß. Sie sind der Kinder wegen aus der Stadt weggezogen und haben ein Kräuterbeet im Garten, auf das Teddy von Zeit zu Zeit pinkelt, wenn niemand hinschaut.

Harras: Siehe *Ajax*, mit dem Unterschied, daß Sie nicht jagen, sondern Golf spielen.

Oskar: Oskar trägt ein leuchtend rotes Halstuch mit Paisley-Muster und liegt anstandslos in Ihren Lieblingskneipen

unterm Tresen. Ihre wechselnden Herzdamen/Herzbuben müssen von Oskar akzeptiert werden, eine/r, der/die sich's mit Oskar verscherzte, würde sich's auch mit Ihnen verscherzen. Das sagen Sie gern, weil es sich hübsch anhört. Tatsächlich hat sich das Problem noch nie gestellt, weil Ihre Herzdamen/Herzbuben bisher immer heftig um Oskar gebuhlt haben. Außerdem macht es Oskar nichts aus, in warmen Sommernächten gelegentlich auf dem Balkon zu schnarchen (was der Leidenschaft entschieden zuträglicher ist als Oskars Versuche, grunzend an der Unterhaltung teilzunehmen.)

Fee: Ihr Meißner Teeservice ist ein Familienerbstück. Jedenfalls behaupten Sie das. Wenn Sie von Ihrer Großmutter erzählen, klingt es nach »Trotzköpfchens Brautzeit«, wenn Sie von Ihrem Mann reden, könnte man denken, Sie meinen Ihren Papa. Sie haben eine hochempfindliche Haut, schrecklich zarte Gelenke und eine ganz, ganz leicht überstrapazierte Geduld. Wenn Fee auf den Gehsteig scheißt, lächeln Sie erleichtert, denn Sie sorgen sich immer um ihre Verdauung.

Wotan: Wenn Wotan ein Pekinese ist, haben Sie eine Wohnung voller Bücher, keine Scheu vor Tiefkühlmahlzeiten und wenig Lust auf fixe Bindungen. Sie haben ca. zehnmal »Some Like It Hot!« gesehen und finden die Idee, einen Urlaub mit Tennisspielen zuzubringen, obszön. Wenn Wotan ein Dobermann ist, möchte ich Ihnen lieber nicht begegnen.

Mimi: Mimi war ein Waisenhund, ehe eins Ihrer Kinder sie aufgelesen hat. Sie waren gerade im Begriff, sich endlich ein weißes Leinensofa zuzulegen, als Mimi einzog, wor-

auf Sie sich damit begnügten, Ihr altes Sofa mit einem waschbaren bunten Überwurf auszustatten. Ihre Freundinnen zögern nicht, Sie spätnachts anzurufen, wenn sie dringend eine Aussprache benötigen. Ihre Küche samt Kühlschrank ist das Territorium von Jugendlichen, die nur zum Teil mit Ihnen verwandt sind, und Ihr Partner baut auf Ihr Verständnis, wenn er sich schon wieder gezwungen sah, das längst fällige Entrümpeln der Gartenhütte auf das nächste Frühjahr zu verschieben. Dafür gehören Sie zum auserwählten Kreis der Personen, die jedes Jahr ein Glas von Barbaras legendärem Quittenchutney bekommen.

Strolchi: Vor Ihren Fenstern hängen Netzgardinen mit Rüschen aus pflegeleichter Kunstfaser, Ihre Fensterbänke sind aus imitiertem Marmor, die Reserverolle Klopapier steckt in einem gehäkelten Überzug. Sie leiden mit Prinzessin Di und fragen sich in stillen Stunden, ob Klaus-Jürgen Wussows Ehe wirklich glücklich ist.

Herr Hund: Falls Sie Ihren Hund schlicht und brutal »Hund« oder, nicht ganz so brutal, »Herr Hund« nennen, haben Sie möglicherweise einen weichen Kern in Ihrer rauhen Schale, aber es ist fraglich, ob man sich der Mühe unterziehen soll, das herauszufinden, weil einem Ihre Neigung, das Gegenteil von dem zu tun, was man erwartet, ganz schön auf den Keks geht. Herr Hund hält ebenfalls nichts von besonderer Höflichkeit: Wenn er an Ihre Schinkensemmel herankommt, dann beißt er hinein; Ihr Pech, falls Sie sie gerade zum Mund führen.

Na? Fühlen Sie sich durchschaut?

Nein?

Kann man nichts machen.

Das ist der Vorteil unserer eingleisigen Kommunikation: Ich kann so tun, als ob Ihre Einwände einfach nicht existierten.

Hokuspokus, schon behalte ich recht.

Sagte ich, unsere Hunde heißen Emil, Kuno, Kajetan oder Otto? Das war nicht gelogen, der Vollständigkeit halber muß ich bloß hinzufügen, daß sie so gerufen werden und überdies noch mit allen logischen Ableitungen, die sich aus diesen Namen ergeben. Logische Ableitungen von Otto sind zum Beispiel: Schnocko oder Ponzlmeier.

Sollten Sie also einmal hören, wie ein Hund »Rumpelpumpel« genannt wird, dann ist Ihnen hoffentlich klar, daß das vermutlich nur »Rolf« bedeutet.

Weiters bieten sich als Ableitungen von Kuno zwingend an: Kunibert, Berthold oder Hinzkunz.

Und Emil heißt nicht nur Emil, sondern auch Milo, Miletto, Milettino sowie Miletinetto. (Manchmal steigere ich mich bis zu Milettinettino, was Emil kalt läßt, mich aber befriedigt, falls ich es fehlerfrei herausbringe, weil ich daraus schließe, daß ich doch weniger gaga bin, als ich bisweilen befürchte.)

Wie ich schon an anderer Stelle ausgeführt habe, genieße ich am Umgang mit Hunden, daß ich mich für keinen Anfall von hemmungsloser Infantilität schämen muß. »Milli!« rufe ich. »Milettowitsch!« »Millibilli!«

Der kleine Prinz kommt herbeigehoppelt und schaut mich erwartungsvoll an, mit einem Blick, als wäre ich dennoch ein denkendes Geschöpf. Er glaubt an mich, unbeirrbar. Schön von ihm.

93

Tierisch wach

Eine Zeitlang kroch das Kind zu mir ins Bett. Dort wuchs es in die Länge und in die Breite, bohrte sich beharrlich in meine Flanke und drängelte und schob. Hör zu, sagte ich zum Kind, das geht nicht, ich brauche meinen Schlaf. Das Kind hatte Einsehen und blieb fortan in seinem Zimmer und dortselbst in seinem Bett. Kinder sind vernunftbegabte Wesen.

Aber Katzen.

Mein Kater wiegt bei Licht und untertags rund fünf Kilo. Er ist graziös und geschmeidig. Schwerelos hebt er sich auf Gartenmauern, über Zäune und auf Eßtische, wo Lachs steht.

Doch nachts: Nachts fährt er die Bleischürze aus. Nachts verwandelt er sich in eine Tonne Zement. Tonnenschwer legt er sich über meine Füße, die sich arglos nebeneinander zur Nachtruhe aufgestellt haben, und versenkt sie in der Matratze. Hör zu, sage ich zum Kater, wir spielen hier nicht Cosa Nostra; was du dem geringsten meiner Füße antust, tust du mir an, und ich halte das nicht aus. Er schnurrt. Ich setze mich auf (nicht einfach, wenn einem die Füße von einer Tonne Zement auf tiefstem Matratzengrund festgehalten werden) und hebe ihn hoch. Aaah, meine Zehen! Reste von Blut durchpulsen sie.

Sein Schnurren hat indessen einen Ton höflicher Gereiztheit angenommen, nicht unbeherrscht, aber bestimmt macht er sich von mir los und wandert bettabwärts, wo er sich über meine Füße breitet wie eine Geröllawine.

Das Blöde ist, daß er damit nur seine gute Erziehung demonstriert. Ich hab' ihm seinerzeit – ein Tribut an die Hygiene – beigebracht, in Betten, wenn er denn schon einmarschieren muß, am Fußende zu bleiben. Allerdings schwebte mir eine Art friedlicher Koexistenz mit meinen Zehen vor, nicht ihre Ausrottung. Er hingegen: Fußende ist Fußende, und gelernt ist gelernt.

Und zu alledem der Hund. Der Hund ist klein und leicht bei Tag und bei Nacht, ich spüre ihn kaum, wenn er sich an mein Kreuz kuschelt, ein paar Hände voll Locken, ein kleines symbolisches Lockenschwert (was für ein gewagtes Bild!) zwischen mir und dem Mann, der mir die Füße wärmen würde, wenn der Kater sie freigäbe.

Rrraus!

Der Hund rührt kein Ohrwaschel. Das ist völlig verständlich, weil ich ja nicht ihn meine, sondern vermutlich das Gepardenrudel, das sich demnächst vielleicht auf meinem Kopfkissen balgt.

Rrraus! Der Hund rührt sich nicht. Das ist vollkommen begreiflich, weil ich ja nicht ihn anspreche, sondern bestimmt den anonymen Astronauten, der auf mein Kopfkissen niederschweben wird.

Rrraus! Hunde aus dem Bett!

Der Hund ist ganz meiner Meinung. Wär' ja noch schöner, wenn sich hier fremde Köter breitmachen dürften.

Nein, ich schreie nicht, weil nebenan das Kind schläft, das gute, das vernünftige. Ich zischle furchterregend, schnappe den Hund und befördere ihn, schwupps, in seinen Korb.

Hunde in den Hundekorb! So gehört es sich.

Also, furchterregend stimmt nicht. Kaum habe ich die

Augen geschlossen, streift, tapp, tapp, man ahnt es schon, ein Büschelchen Haar meine Hand, und gleichzeitig geht ein Schwerlaster auf mein Fußende nieder (auf meins, nicht auf das vom Bett): Der Kater ist von einem nächtlichen Streifzug zurück.

Und die Moral von der Geschicht? Diese Geschichte hat keine Moral. Diese Geschichte ist amoralisch wie die, von denen sie handelt. Ich versage mir sogar die ausgelutschte Pointe, daß die fortwährenden Territorialkämpfe mit meiner Auswanderung in den Hundekorb enden.

Ich versage sie mir schon deswegen, weil ich nicht im Hundekorb sitze, sondern an meinem Schreibtisch, wo ich mir meinen nächtlichen Frust von der Seele schreibe. Ich sitze und schreibe mich dem Frühstück entgegen, das folgendermaßen abläuft: Die menschlichen Mitbewohner haben Kakao, Müsli, Erdnußbutterbrote und ähnlich uninteressante Nahrungsmittel verputzt und sind zum Zug gestürmt. Ich koche mir Tee, nehme mir ein, zwei Scheibchen Schinken aus dem Kühlschrank, und lasse mich nun meinerseits am Frühstückstisch nieder.

Nicht, daß ich dem Kind nichts vom Schinken abgeben würde. Aber das Kind verabscheut Schinken. Ein grundgescheites Kind! Wie man zu Recht argwöhnen darf, enthält Schinken Nitrite und Nitrate und ungesättigte Käsereisalze sowie Benzolringe, dreifach konzentrierte Gerbsäure, jede Menge Histamine und bestimmt einen ordentlichen Schuß Fluorkohlenwasserstoffe. Das Kind tut also nur gut daran, wenn es sich keinen Schinken reinzieht. Und alle möglichen Lebewesen täten gut daran, sich am Kind ein Beispiel zu nehmen! (Nein, ich meine nicht bloß die Kindesmutter!)

Ich lasse mich also nieder, und sofort bin ich Teil einer rührenden Gruppe mit dem Titel: *Die Anbetung*

Zu meinen Füßen der Hund. Andächtig folgen seine Blicke jedem Futzelchen Schinken, das in meinen Mund wandert.

Auf meinen Knien der Kater: Ernst schaut er auf meinen Teller, konzentriert; es kann nur eine Frage von Sekunden sein, bis die Schinkenscheiben sich, seinen telekinetischen Energieströmen gehorchend, in die Luft heben und seine Fangzähne berühren. Übrigens ist er bereit, mit gezückter Kralle nachzuhelfen.

Rrrunter! Katzen rrrunter!

Der Kater wünscht nicht, auf derart primitive Parolen einzugehen.

Der Hund starrt nach wie vor unverwandt. Gleich wird er sein kleines Gastroskop herbeischleppen, um das Schinkenfutzelchen auch auf seinem Weg durch meine Speiseröhre nicht aus den Augen zu verlieren.

Bäh! Ekelhaft!

Das Problem ist, daß sie maßlos sind. Gib ihnen einmal etwas ab, und sie bearbeiten dich fortan so lange, bis du ihnen nonstop dein gesamtes Frühstück in den Rachen geworfen hast, und zwar jeden Tag.

Also hart bleiben. Das wird sie Zurückaltung lehren und den Unterschied zwischen Schinken (mein) und *zarten Bissen mit Wildhasenleber und Mais* (ihrs). Sie kennen den Unterschied bereits, deshalb bestehen sie auf meinem. Na gut: aber nur eine Kostprobe!

Schlapp, schling und erneute Belagerung: Allerdings hackt der Kater jetzt kühn nach meiner Gabel, und der

Hund scharrt an meinem Schienbein. Wie gesagt, es gibt nur diese zwei Möglichkeiten: Ruin oder Hartherzigkeit. Ob die Haie im Geschäftsleben, die gefürchteten Verhandler, die beinharten Vertreter ihrer Interessen, Hund und/oder Katz daheim haben, zum Trockentraining? Also, Geschäftspartnern gegenüber hart zu bleiben traue ich mir zu. Kein Geschäftspartner schaut so flehend, mit schiefgelegtem Kopf, unter Teppichfransenhaaren hervor.

Auch ich habe keinem Geschäftspartner je auf den Impfpaß geschworen, daß ich für ihn sorgen würde.

He, Sie! Zur Sache! (Auftritt imaginärer LeserInnen, die Gesellschaftskritisches von mir erwarten.)

Ach nein. Lieber nicht. Nicht jetzt sofort. *Die Sache* ist so anstrengend. Immerzu Wut, Anspruch und tiefere Bedeutung.

Wenn ich zur Sache komme, muß ich Zeitungen lesen, in denen zum Beispiel steht: »Die russische Frau soll wieder ganz Frau werden … Arbeit soll wieder Männersache werden.«

Oder: »Wenn Ihnen ein Kollege galant aus dem Mantel helfen will, zeigen Sie sich der Ehrerbietung würdig.«

Oder: »Das männliche Ego ist gekränkt, wenn es sich im Kreise Gleichgeschlechtlicher weiblichen Argumenten beugen muß. Denken Sie daran – und kritisieren Sie charmant.«

Würg. Das alles packe ich nicht mehr, jedenfalls nicht andauernd. So was ist mir nicht mehr unentwegt zuzumuten. Ich bin eine brave Veteranin, lange bin ich unverdrossen geritten für Anstand und Gerechtigkeit, jetzt brauche ich eine Lesebrille und einen Schonraum.

Mein Schonraum ist eine Tierecke. Das ist prinzipiell okay, so habe ich es mir gewünscht, ich finde, jeder Mensch sollte einen Baum gepflanzt sowie einen Hund haben, der den Baum bepinkelt, und eine Katze, die ihre Krallen daran schärft. Trotzdem frage ich, ob es völkerrechtlich notwendig ist, daß ich an/in Tisch und Bett so vollständig unterliege. Und zwar frage ich das Kind, das soeben die Treppe herunterwankt, verwundert, mich am Schreibtisch zu sehen. Ich frage: Weißt du, was dein Hund wieder aufgeführt hat? *Mein* Hund? fragt das Kind zurück.

Gute Frage. Wessen Hund eigentlich?

Hallo, gehört irgendwem vielleicht dieser Hund?

Richtigstellung

Der kleine weiße Prinz wünscht eine Richtigstellung. Der kleine weiße Prinz wünscht, daß ich zugebe, das vorige Kapitel aus Effekthascherei geschrieben zu haben. Ganz so ist es nicht, wende ich ein, aber der kleine weiße Prinz schaut mich ernst und eindringlich an, und ich komme mir ein wenig schäbig vor.

Sie werden mir bestätigen, daß ich nirgends im vorigen Kapitel ausdrücklich behauptet habe, es schildere den kleinen weißen Prinzen, aber mir ist klar, daß ich auch nichts dazu getan habe, um diesen naheliegenden Verdacht zu zerstreuen. Das ist gemein von mir, denn der kleine weiße Prinz ist ungemein folgsam und vergißt sich nur ganz, ganz selten so weit, daß er sich in meinem Bett niederläßt. Ich halte also fest: Das vorige Kapitel schilderte nicht den kleinen weißen Prinzen, sondern seinen Vorgänger, den kecken Reiter auf kanonenkugelartig durch den Garten fliegenden Gummibällen.

Mein Gott, sage ich zum kleinen weißen Prinzen, jetzt sei nicht empfindlich, so eine Geschichte liest sich besser, wenn sie aktuell klingt.

Der kleine weiße Prinz zieht eine Braue hoch. Seine Brauen sind zwar unsichtbar, aber ich bin überzeugt, daß er eine hochzieht.

Soll ich ihm jetzt erzählen, daß das vorige Kapitel insofern aktuell ist, als es ein weitverbreitetes Hundeverhalten beschreibt? (Eine gängige Redensart besagt ja, daß es nur

zwei Sorten von HundebesitzerInnen gibt: solche, deren Hunde bei ihnen im Bett schlafen, und die anderen, die es nicht zugeben.)

Ich entschließe mich, ihm das zu verschweigen. Er müßte sich blöd vorkommen als gefügige Ausnahme.

Tatsache ist jedenfalls: Der kleine weiße Prinz ruht nachts für gewöhnlich in einem der Körbe, die zu diesem Zweck in meinem Schlafzimmer stehen. Das ist ihm um so höher anzurechnen, als der Kater vor seinen Augen mit provozierender Selbstverständlichkeit mitten in meine Daunendecken springt und schnurrend darauf herumtritt, ehe er sich, umgeben von Wolken aus weicher Decke, hinsetzt und gemütlich seinen Pelz zu striegeln beginnt.

Ein- oder zweimal wollte ihm der kleine weiße Prinz zuvorkommen: Ich betrat mein Schlafzimmer, und der kleine Weiße schaute mir glücklich aus meinem Bett entgegen, mit einem Blick wie ein Musterschüler, der pfiffigerweise eine Fleißaufgabe schon gelöst hat.

Strenger Tadel meinerseits brachte ihn jedoch immer sogleich zur Räson: Auf der Stelle sah er ein, daß er falsch lag (im doppelten Sinn des Wortes), und räumte in Windeseile das Gelände.

Inzwischen habe ich ihn auf Reisen, in dem einen oder anderen Hotelzimmer mit zweifelhaftem Teppichboden, ausdrücklich aufgefordert, das Fußende unserer Betten zu beziehen (auf das ich in solchen Fällen ein Badetuch breite). Er kommt diesen Einladungen nur zögernd nach, ringelt sich bescheiden so klein wie möglich zusammen, und vergißt die auswärtigen Bräuche zu Hause gleich wieder. Einen konsequenteren Konfliktvermeider als ihn müßte

man lange suchen (aber warum sollte man einen finden wollen?).

Hunde sind so oder so. Manche folgen. Manche liegen im Bett. Und manche liegen nicht aus Folgsamkeit nicht im Bett, sondern weil sie auf allzuviel Nähe pfeifen. Die gibt's nämlich auch. Sie wuseln nicht eifrig um dich herum, sondern graben selbsttätig Löcher im Garten, buddeln sich unterm Zaun durch, streunen in der Geged umher und wandern nachts in den Flur aus, vermutlich, weil sie es als störend empfinden, daß du ebenfalls atmest.

Ich sage offen, daß die nicht mein Fall sind. Wollte ich einen Hausgenossen, der ständig abhaut, Ärger macht, und mein Haus als billige Pension benützt, könnte ich mir gleich einen Heiratsschwindler halten.

Ich mag solche, die folgen. Ich mag solche, die unfolgsam im Bett liegen. Die Streuner mag ich nicht.

Der schon erwähnte Bullterrier zeigte bereits in der ersten Nacht bei uns, was er von unseren Fraternisierungsversuchen hielt: nämlich nichts. Wir hatten in gescheiten Büchern gelesen, daß der Welpe nach der Trennung von seiner Mutter besonders trost- und anlehnungsbedürftig sei, weshalb man ihm ein Nachtlager neben dem eigenen Bett bereiten solle, womöglich mit einer in Handtücher gewickelten Wärmeflasche darin, damit er den Eindruck habe, sich an ein Lebewesen kuscheln zu können.

Wir also: Hundekorb neben die Betten, mollig umwickelte Wärmeflasche hinein, Tätscheln, beruhigendes Reden, Licht aus.

Der Hund: Schnaufen, Scharren, Umherwandern, Seufzen.

Licht an. Tröstliche Worte. Lockend klopften wir auf Korb und Wärmeflasche. Licht aus. Wir hängten uns im Dunkeln kopfunter über die Bettkante, um den Hund zu streicheln. Kein Hund da. Licht an. Der Hund saß am Ende des Schlafzimmers und röchelte mißmutig.

Es dauerte eine Weile, bis wir begriffen, daß unsere Anwesenheit der Grund für seinen Mißmut war. Für so unerwünscht hatten wir uns bei aller Bescheidenheit nicht gehalten. Im Gegenteil, wir führten die erbarmenerregende Unruhe des armen kleinen Hundes darauf zurück, daß wir ihm gewissermaßen immer noch zu wenig Anwesenheit boten, und nur der gesunde Menschenverstand bzw. Platzmangel hinderte uns, trosthalber gleich selbst in seinen Korb zu steigen. Erst als ich, fahl und rotäugig vor Müdigkeit, ins Bad tappte, löste sich das Dilemma von selbst. Der Hund folgte mir aus dem Schlafzimmer, suchte eilends die Küche auf, ließ sich dort mit einem erlösten Schnaufer in einen Winkel fallen und schlief ein, beglückt, daß wir ihn nicht länger mit unserer Gegenwart belästigten.

(Auch Dodo, der Zärtliche, der selbstverständlich in unserer Nähe schlafen wollte, zeigte übrigens, allen klugen Büchern zum Trotz, keinerlei Trennungsschmerz, als wir ihn von Mutter und Geschwistern wegholten. Auf der Fahrt zu uns, im Auto, stimmte er zwar ein jämmerliches Gewinsel an, das wir mitleidsvoll als Wimmern nach seiner Verwandtschaft interpretierten; doch kaum hatten wir den Motor abgestellt, verstummte er schlagartig: Nicht der Abschied von der Mutter hatte ihn beunruhigt, sondern das fremdartige Geräusch. Ein paar Wochen später besuchten wir mit ihm zusammen seine ehemalige Familie. Hunde-

mutter und Hundeschwester verkläfften ihn erbost, er musterte sie desinteressiert und ging dann, als das Kläffen zunahm, hinter uns in Deckung. So viel zur hündischen Stimme des Blutes. Sehr sympathisch.)

Was den anhänglichen kleinen Prinzen anlangt, so habe ich noch eine zweite Berichtigung anzubringen: Er bettelt kaum, und schon gar nicht aufdringlich, um Eßbares.

Er bettelt darum, auf meinen Knien sitzen zu dürfen. Er ist ein Schoßhund, im wahrsten Sinn des Wortes.

Die Entscheidung, welche Form der Bettelei lästiger ist, fällt mir schwer. Besonders beharrlich rückt mir der kleine weiße Prinz neuerdings auf den Pelz, wenn ich mich mit jemand anderem allzu angeregt unterhalte. Während ich schreibe, verhält er sich unauffällig – er konkurriert nicht mit einem Computer. Doch Gespräche über seinen Kopf hinweg, mit Personen, die nicht er sind, bringen ihn immer öfter dazu, außer Rand und Band an mir hochzuspringen, an meinen Ärmeln zu zerren und kurz, aber derart durchdringend zu bellen, daß mir sämtliche Trommelfelle davonschwimmen – so lange, bis ich ihn hochgehoben habe. Der Bedauernswerte! Offenbar befürchtet er panisch, vergessen zu werden. Ob ich ihm ein Selbstsicherheitstraining zahle?

Er ist ein verzogenes kleines Biest, das unbedingt im Mittelpunkt stehen will! sagt meine Tochter.

So kann man es auch sehen.

Auf jeden Fall ist er ziemlich witzig in seiner Wichtigtuerei.

Herz & Schmerz

Übrigens gehe ich Hundeschicksalen in Film-, Fernseh- und Buchform eher aus dem Weg. *Lassie, Ein Hund namens Beethoven, Kommissar Rex*: nicht mein Fall. Zu viel Überhund, zu viel Zuckerguß. Der Hund als Gartenzwerg. Und *Krambambuli* bricht mir das Herz. Filme, Fernsehserien und Geschichten über Hunde brechen mir entweder das Herz, oder sie sind blöd, oder sie sind blöd *und* brechen mir das Herz.

Die tragischen Verwicklungen um die unbeirrbare Treue der Hunde und die Untreue der beirrbaren Menschen: herzzerreißend.

Die Hunde, die keine Hunde sind, sondern Vierbeiner mit übermenschlichen Fähigkeiten: ärgerlich. Sie wissen Bescheid, durchblicken alles, kombinieren logisch, denken voraus; ihr Geruchssinn kommt frisch poliert aus der Abteilung *Law and Order*, und ihre pädagogischen Fähigkeiten im Umgang mit Kindern sind penetrant. Zu alledem schauen sie aus dem Bild raus, an ihren Partnern vorbei, weil hinter der Kamera die Trainerin steht, nach deren Kommando sie sich richten.

Was soll mir das? Ich mag am Hund, daß er ein Hund ist und sich wie ein Hund verhält. Ich beobachte gern, wie er sich auf seine Weise verständlich macht, wie er auf seine Weise reagiert, wie er, ganz verkörperte Bewegungslust, springt und rennt und sich um sich selbst schleudert; ich beobachte, was er wichtig nimmt, und was

er unternimmt, um das, was ihm wichtig ist, durchzusetzen. Das finde ich spannend und drollig. Wenn mich der kleine weiße Prinz mit seiner Pfote stupst, dann tut er das, um meine Aufmerksamkeit zu erregen, er schaut mir in die Augen dabei. Er winselt, er strengt sich an, sich mir verständlich zu machen, sein Gesichtsausdruck gilt mir, er beobachtet seinerseits genau, wie ich reagiere, und ob meine Reaktion darauf hindeutet, daß ich begriffen habe.

Kein Vergleich mit einem Hund, der dressiert Pfote gibt wie ein artiger Mensch die Hand, und dabei zum Trainer schielt. Die gut abgerichteten Hunde in Film und Fernsehen sind Hundeattrappen. Sie sind angehalten, mal hündische, mal menschliche Gesten vorzuführen, aber wer Hunde kennt, merkt immer, daß es – für den Hund – Gesten ohne sinnvollen Zusammenhang sind.

Was die herzzerreißenden Geschichten um Hunde anlangt, so demonstrieren sie einmal mehr die menschliche Neigung, Liebe eng an Leid zu knüpfen. Erst die bedrohte Liebe ist die wahre Liebe, erst der Verlust macht uns bewußt, was wir besessen haben, erst der Schmerz verleiht der Liebe Gewicht: Diese masochistische Tradition pflegen wir, auch in unserer Beziehung zu Hunden, jedenfalls soweit sie literarisch oder filmisch verarbeitet wird. Ich ertrage sie nur schwer.

Herz-Schmerz-Geschichten um Menschen zu lesen oder anzuschauen, macht mich in erster Linie ungeduldig. *Warum müssen die nur so blöd sein? Herrgott, wenn sie schon so blöd sein müssen, dann ohne mich, ich tu mir das nicht länger an!* Schon schalte ich ab oder klappe das Buch zu.

Selbstzerstörerischen Obsessionen von Menschen gegenüber bin ich ziemlich unduldsam.

Herz-Schmerz-Geschichten um Tiere bringen mich halb um. Tiere haben ja keine Wahlmöglichkeit, sie müssen so sein, wie sie sind, sie sind ihrer Natur ausgeliefert, sie können nicht anders.

Krambambuli hat keine Einsicht in den Charakter der zwei Herren, zwischen denen er sich entscheiden soll; er kann nicht abwägen, welcher – oder ob überhaupt einer – seine Zuneigung verdient, er kann nicht taktieren, nicht paktieren und nicht an sich selber denken. Er hat keine andere Chance, als das Unmögliche zu versuchen und beiden Herren dienen zu wollen. Er wird von seiner Loyalität zerrissen, er ist das Opfer menschlicher Konflikte, die auf seinem Rücken ausgetragen werden, und dabei ist er doch nur ein armer Hund.

Es ist das Ausgeliefertsein, das ich nicht ertrage.

Hundegeschichten drehen sich fast immer um das Ausgeliefertsein, darum, daß die Hunde wehrlos sind gegen ihre hündische Treue.

Sie rennen kilometerweit durch Eis und Schnee, sie durchqueren reißende Flüsse, sie stehen Hunger, Verletzungen und Mißhandlungen durch, und warum? Weil sie irgendeinem mehr oder weniger undankbaren Menschen hinterherlaufen, der sie verloren, verlassen oder verstoßen hat, aus Dummheit, Feigheit oder Schwäche. Das halte aus, wer es schafft; ich schaffe es nicht.

Verstehen Sie mich nicht falsch: Ich bin nicht für die heile Welt in der Kunst (die dann nicht Kunst wäre, sondern Kitsch). Ich meine vielmehr, daß Kunst die Aufgabe

107

hat, sich mit dem Unheil auseinanderzusetzen, und ich übersehe nicht, daß Menschen ebenfalls ausgeliefert sind. Insofern muß ich meine schnoddrige Behauptung von vorhin revidieren: Auch menschliche Hilflosigkeit bricht mir das Herz. Was mir das Herz nicht bricht, ist, wenn eine Person sich hilflos gibt, obwohl sie nur ein bißchen Verstand einsetzen müßte, um ihre Lage zu ändern.

Kunst ist in Wahrheit umso notwendiger, je schwerer man sie aushält.

Und so traurig *Krambambuli* auch ist, die Welt wäre ein Stück ärmer, wenn es diese Erzählung nicht gäbe.

Aber beschämenderweise rühren mich auch die sentimentalen, die trivialen Geschichten um Hundetreue zu Tränen, obwohl sie sich mit dem Phänomen der Ohnmacht nicht auseinandersetzen, sondern es nur benutzen, um mit billigen Mitteln ein wohliges, sensationslüsternes Mitleid zu kitzeln.

Ich weiß, daß ich einer schamlosen Spekulation erliege, wenn ich mit einem Würgen im Hals auf den Bildschirm starre, auf dem ein Hund im Regen stehengelassen wird, aber das Würgen im Hals bleibt trotzdem. Ich leide wie ein Hund.

Darum muß ich mich überwinden, um mich auf die Tragik mehr oder weniger künstlerisch gestalteter Hundeschicksale einzulassen. Muß ich? Ich muß nicht. Ich muß vor allem dann nicht, wenn absehbar ist, daß sich die Überwindung nicht lohnt. Bei *Krambambuli* lohnt sie sich. Bei *Lassie* nicht.

Falls Sie also zufällig TV-Produzent sind und mit einer Serie liebäugeln, in der herbe Schicksalsschläge auf einen

treuherzigen Rottweiler niederprasseln: Stützen Sie Ihre Quotenhoffnungen nicht auf mich!

Ich wäre ein leicht zu zermürbendes Opfer, zugegeben. Aber gerade deswegen schalte ich gar nicht erst ein. Statt dessen pfeife ich dem kleinen weißen Prinzen und stapfe mit ihm in den Weinberg. Das haben Sie nun davon.

Spaziergänge

Ich verdanke dem kleinen weißen Prinzen viele wunderbare Spaziergänge. Manchesmal sind wir mitsammen frühmorgens im riesigen Rosengarten der alten Kurstadt unterwegs. Da steigen aus Sprühanlagen silberne Wasserfontänen in einen hellgoldenen Himmel und fallen als sanfter Schleier auf Tausende blühende Rosenbüsche nieder.

Manchesmal laufen wir miteinander die verschlungenen Waldwege im Kurpark entlang, in sachten Serpentinen bergauf, unter Blätterkuppeln; wenn der Vorhang aus grünem Gezweig sich öffnet, liegt uns eine Schlucht zu Füßen, in der alte, graue Villen vor schroffen Felswänden stehen, Schauplätze bürgerlicher Familienchroniken, wie man sie aus der Jahrhundertwende-Literatur kennt. Auf dem Rückweg dann Impressionismus: auf weich sich neigenden Hängen halten ernste Rotbuchen und graziöse Magnolien Hof, dahinter schweben im Mittagsdunst, wie hingepinselt, die Häuser der Stadt.

An kalten Novembernachmittagen traben wir um den dunklen Ententeich; schnatternd trifft sich das Vogelvolk an der Futterstelle unter der kahlen Trauerweide; am anderen Teichufer, wo hinter der Allee das von Biedermeierhäusern gesäumte Gäßchen beginnt, leuchten die Fenster der kleinen Konditorei in der nebligen Dämmerung.

Zugegebenermaßen verdanke ich diese Spaziergänge auch dem Glück, in einer malerischen Ecke zu wohnen, und wenn ich ganz genau sein will, dann verdanken wir

Spaziergänge am frühen Morgen vor allem der Tatsache des unmenschlich frühen Unterrichtsbeginns an heimischen Schulen, beziehungsweise meinem Kind, das ich gelegentlich, ausnahmsweise (sehr gelegentlich und sehr ausnahmsweise!) in die Schule chauffiere.

Wir sind nämlich Nachteulen, meine Tochter, der Kater und ich, und der kleine weiße Prinz hat sich unserem Biorhythmus vollkommen angepaßt. Wenn ich Viertel vor sechs aus den Federn krieche, um meiner Tochter das Frühstück zu machen, hebt er mittlerweile nur träge ein Augenlid und blickt mir kurz nach, wie ich das Schlafzimmer verlasse, bevor er erschöpft weiterdöst. (Das Kind neigt ebenfalls dazu, erschöpft weiterzudösen nach dem Wecken, im Gegensatz zum Hund wird es dabei aber brutal von mir gestört.)

Rufe ich jedoch nach dem kleinen weißen Prinzen, mit den Autoschlüsseln klingelnd, dann schüttelt er seine Schläfrigkeit ab und saust die Treppe herunter, bereit, mit mir aufzubrechen, in die Morgensonne hinein, die zögernd hinter den Fichten am Gartenende hervortrödelt.

Nie würde ich ohne den kleinen Prinzen an all den wunderbaren Orten umherlaufen, die ich mir in seiner Begleitung erobere! Keine Zeit, würde ich mir sagen, zu viel zu tun, viel zu langweilig allein in all der Natur. Und ich würde schon wieder vor dem Computer brüten, statt das bleiche Geäst der riesigen Platane zu bestaunen, die mit knöchernen Fingern in den Abendhimmel greift.

Ich bin eine Stubenhockerin, aber zum Glück muß der kleine Prinz raus. Andererseits muß der kleine Prinz zum Glück nicht unbedingt, nicht um jeden Preis und schon gar nicht stundenlang raus.

Wir verbringen auch köstlich gemütliche, verregnete Sonntage im Haus, ich lese, meine Tochter schaut fern, der Kater breitet sich entspannt über einem Heizkörper aus wie quellender Teig, und der Hund liegt, eng an mich gekuschelt, Träumen hingegeben, die ihn dann und wann leise blaffen lassen. An solchen Tagen genügt es, ihm ein paarmal die Tür in den Garten zu öffnen, damit er kurz ins Freie treten kann, um das Nötigste zu erledigen.

Apropos Garten: Ab und zu beobachte ich den kleinen Weißen, wie er darin unterwegs ist, wenn sich das Wetter halbwegs annehmbar gibt. (Von meinem Schlafzimmerfenster unterm Dach aus überblicke ich fast das ganze Grundstück.) Er trabt geschäftig aus dem Haus, den Weg entlang, der sich nach hinten schlängelt, um die Kastanie herum, an der Bank vorbei, als hätte er ein fixes Programm im Kopf, das es in die Tat umzusetzen gilt.

Der verschlungene Weg, den der kleine weiße Prinz benutzt, besteht aus alten Ziegelsteinen, die auf unserem Dachboden lagen, ehe wir ihn zu Wohnräumen umbauten. Er sieht romantisch aus, ist aber nur begrenzt praktisch, weil er, wenn's auch bloß genieselt hat, ungemein – oder vielmehr: gemein – glitschig wird. Darum durchqueren alle menschlichen Wesen, die sich bei uns aufhalten, den Garten häufig *neben* dem Weg, was zugegebenermaßen nicht der Sinn eines Weges ist. Der kleine Prinz lehnt derartig paradoxe Bräuche ab. Er hält sich ordnungsgemäß an die Ziegel. Allerdings ist er den menschlichen Wesen gegenüber im Vorteil, weil sich's auf vier Füßen stabiler läuft. Und zudem würde er, wenn er ausrutschte, nicht so tief fallen wie wir, die wir ihn leuchtturmgleich überragen.

Ehe der kleine Weiße nach rechts schwenkt, wo es zu den Obstbäumen geht, hebt er an der Wildrosenhecke das Bein mit der Miene eines Boten, der wichtige Post in den Briefkasten wirft. Dann schnüffelt er am Weißdorn; auf ähnliche Weise – eilig, aber von der Notwendigkeit dieses Abstechers überzeugt – schauen Menschen kurz in ihr Stammlokal hinein: Jemand da? Nein? Auch gut.

(Sagte ich Weißdorn? Ich bin keineswegs sicher, ob das, was ich als Weißdorn ausgebe, wirklich einer ist. Tatsächlich hat meine Naturschwärmerei schäferspielartige Tendenzen. Ich bin eine, die jahrelang in Kaffeehäusern gewohnt hat, ehe sie ins Grüne übersiedelte, das sie immer noch mit naiver Ahnungslosigkeit romantisiert.

Um der Wahrheit die Ehre zu geben, bin ich mir sogar ziemlich sicher, daß der Weißdorn kein Weißdorn ist. Es war mir aber zu tölpelhaft, statt Weißdorn »der Busch, der im Frühling diese vielen kleinen, weißrosa, fransigen Blügen trägt« hinzuschreiben. Außerdem ist es dem kleinen Prinzen vermutlich wurscht, wie der falsche Weißdorn richtig heißt.)

Nun wendet er sich nach rechts, wo die Marillen- und Zwetschkenbäume stehen. (Doch, es handelt sich um echte Marillen- und Zwetschkenbäume; ein paar Pflanzen kenne ich schon. Sie würden übrigens wahrscheinlich von Aprikosen- und Pflaumenbäumen sprechen, aber dort, wo ich wohne, nämlich in Österreich, wachsen Marillen und Zwetschken. Wir sind ein stolzes Volk und nicht gewillt, uns sprachlich vollständig von der übermächtigen Nachbarschaft kolonialisieren zu lassen. Es genügt uns, daß Ihnen zuliebe unsere Stelze als Eisbein auf den Speisekar-

ten der Ferienorte erscheint, und unser Obers als Sahne, und daß unser Apfelstrudel immer häufiger mit Eis und Vanillesauce serviert wird, was unseren Großmüttern fiebrige Schauer des Entsetzens verursacht hätte. Und überhaupt sollten Sie aufhören, unseren Wortschatz auszubeuten, wenn Sie nicht damit umgehen können. Nur so viel: »raunzen« bedeutet *nicht*, jemanden anzuschnauzen, sondern zu jammern, und »Servus!« sagt man *nur* zu Leuten, mit denen man per Du ist. Jedenfalls war das so, ehe gewisse Nachrichtenmagazine aus weit entfernten Gegenden sich lässig dieser Vokabeln bemächtigt haben, um sie beharrlich falsch zu verwenden. Ich weiß, daß ich schon wieder vom Thema abschweife, aber so viel Chauvinismus – und das bißchen Zeit dafür – muß sein.)

Zurück zum kleinen Weißen und seiner Pflichtroute durch den Garten: Er schlendert jetzt gemächlich von Baum zu Baum. Die Obstbäume sind alt und knorrig und haben Decken aus Efeu um ihre Füße geschlungen. Der kleine weiße Prinz vergewissert sich vermutlich, daß die Efeudecken nicht verrutscht sind, und gießt jeden Baum sorgfältig. Im aufgelassenen Gemüsebeet haben sich Brombeeren breitgemacht. Ich hoffe, der kleine Prinz gießt sie nicht, aber ich schaue sicherheitshalber nicht hin. Hinter der Abteilung Obst & Beeren steht ein verwittertes Gartenhaus in einer kleinen Wiese, die an einen Teich grenzt. Der Teich gehört den Nachbarn, aber wir dürfen ebenfalls darin schwimmen. Die Nachbarn haben uns ein hölzernes Treppchen geschenkt, das benützen wir, um über den Zaun zu steigen, wenn wir ins Wasser möchten. (Auf den Zaun haben wir nicht verzichtet, damit der kleine weiße Prinz

nicht verlorengeht.) Während ich an schönen Sommermorgen meine Bahnen im Teich ziehe, sitzen hinterm Zaun Hund und Kater, beobachten mich – das heißt: eigentlich meinen durchs Wasser pflügenden Kopf – besorgt und begrüßen mich erleichtert, wenn ich die Treppe auf ihrer Seite wieder herabsteige, der Hund stürmisch, der Kater mit verhaltener Noblesse.

Ist der kleine weiße Prinz allein unterwegs, hält er Ausschau, ob es nicht vielleicht jemand von den Nachbarn zu begrüßen gibt. Sein Freudengeheul, wenn aus dem Nachbarhaus tatsächlich eine Gestalt ins Freie tritt, hört man bestimmt bis zur Feuerwehr, wo die Sirene wahrscheinlich vor Neid und unter akutem Konkurrenzdruck auf der Stelle heiser wird.

Der Nachbar nennt den kleinen weißen Prinzen seinen Freund und wirft ihm Stöckchen. Dieses Wohlwollen den überschwenglichen Hundemanieren gegenüber trägt ihm, wie ich glaube, die Mißbilligung des Katers ein.

Denn im Freien geht der Kater nach wie vor vorsichtig in Deckung vor dem kleinen Weißen. Des Hundes Neigung, mit einem Affenzahn auf ihn zuzurasen, sich in letzter Minute in die Kurve zu legen und ihn dann zu umdüsen, als befinde sich um ihn herum ein Formel-1-Ring, macht den Kater nervös. Blitzschnell flüchtet er daher auf einen Baum, auf die Steinmauer unter dem Ahorn oder wenigstens auf die Gartenbank vor der Rosenhecke: Dort sitzt er dann, schaut über den Hund hinweg, der vor lauter Schwanzwedeln nahezu ins Schleudern gerät, und überhört demonstrativ gelangweilt sein aufgeregtes Fiepen.

Inzwischen hat der kleine weiße Prinz seine Gartenrunde

115

beendet. Nachdem er prüfende Blicke auf Teich und Zaun geworfen und an der Hängebirke ein letztesmal das Bein gehoben hat, hoppelt er für gewöhnlich fröhlich ins Haus zurück, ausgelassen wie ein Schulkind, das alle seine Schulstunden hinter sich gebracht hat. Er ist ein Lebenskünstler. Ich versuche, von ihm zu lernen.

Während ich all das hier protokolliert habe, hat mir übrigens ein lästiger Vorfall zu schaffen gemacht, nämlich der einer meiner Bandscheiben. Ich mußte für ein paar Tage ins Krankenhaus, fühlte mich, weil ich mich nicht rühren konnte, wie hundertfünfzig, und malte mir aus, wie es dereinst im Altersheim sein würde. Es würde, wurde mir mit Schrecken bewußt, ein hundeloses Leben dort sein. Sofort war ich tief deprimiert. Ich will jetzt nicht kühn behaupten, daß ich auf vieles leichten Herzens verzichten könnte, nur auf das Zusammenleben mit meinem Hund nicht. Es gibt eine ganze Menge, worauf ich nicht verzichten möchte. Das Zusammenleben mit einem Hund ist allerdings auf jeden Fall darunter.

Leute! Ich werde, so es mir vergönnt ist, alt zu werden, eine von diesen unbequemen Alten sein, die zäh um ihr gewohntes Terrain kämpfen. Auf mein gewohntes Terrain gehört ein Hund. Vielleicht werdet ihr es lächerlich finden, daß die komische Alte, die ich sein werde, zirpend ihren Hund hätschelt, und vielleicht werdet ihr höhnisch anmerken, daß der Hund nur unzulänglich die Rosenkavaliere ersetzt, die mich umschmeicheln würden, wenn ich jung wäre.

Ich finde zwar, daß selbst zu einem Leben mit Rosenkavalieren ein Hund gehört (weil schließlich der Rosenkava-

lier den Hund ebenfalls nur unzulänglich zu ersetzen vermag), aber ihr werdet insofern recht haben, als die Zahl menschlicher Anbeter im Alter sicherlich abnimmt. Um so wichtiger wird es mir sein, daß einer da ist, der zärtlich bleibt, ungeachtet der Jahre, die ich auf dem Buckel, und der Falten, die ich am Hals habe!

Wenn *ihr* später ohne Zärtlichkeit auskommen wollt – euer Bier. (Ihr werdet eh nicht wollen, und auch euch werden einmal mehr Haare aus- als greifbare LiebhaberInnen einfallen, aber das glaubt ihr jetzt noch nicht.)

Jedenfalls: das blöde Gerede von der *sozialen Sodomie* will ich nicht gehört haben! Und die Idee, daß es mich weit mehr befriedigen würde, für eine junge Familie in der Nachbarschaft Kinderpullover zu stricken, als mit meinem Hund in die Konditorei zu wackeln, die könnt ihr euch an den Hut stecken! Was mich befriedigt, entscheide immer ich selbst.

Außerdem: Sollte ich die Nachbarskinder unbedingt erfreuen wollen, lasse ich einfach meinen Hund ein paar Kunststücke für sie machen.

Meine Schutzbefohlenen

Meine Schutzbefohlenen sind weiblich. Sie sind ziemlich groß geraten. Ganz oben auf dem Kopf haben sie strubbeliges, helles Fell. Ihr Gesichtsausdruck ist verständig, ihre Nasen sind erstaunlich nutzlos, ihre Zähne verblüffend gut, obwohl sie es ablehnen, an den Schuhen zu kauen, die ich ihnen immer wieder anbiete. Eine ist jung. Die andere ist die Mutter der Jungen, also älter, was man aber nicht so ausdrücken soll, weil die Schutzbefohlenen rührend eitel sind. Sie haben immer Angst, daß man *älter* sagt und *zu alt* meint. Ihr Selbstbewußtsein ist nicht sehr stark ausgeprägt. Man muß sie ständig loben, aufmuntern und motivieren. Das macht mir nichts aus. Menschenführung hat mich immer schon sehr interessiert. Ich selber habe meine Schutzbefohlenen jung bekommen. Das war sicher günstig, weil man in späteren Jahren bestimmt nicht mehr so viel Geduld mit ihnen aufbringt. Eine Lehrmeinung besagt, man solle sich als Schutzbefohlene Führungspersönlichkeiten, sogenanne Alpha-Typen aussuchen. Warum das vorteilhaft sein soll, weiß ich nicht. Meiner Meinung nach eignen sich Alpha-Typen in erster Linie für Profilierungsneurotiker, die demonstrieren wollen, wie gut sie sind, indem sie ihren Schutz auch solchen aufdrängen, die kein vernünftiger Hund für schutzbedürftig hält. Ich selber habe eine Schwäche für die etwas Hilflosen, und ich bin nicht schlecht damit gefahren.

Meine Schutzbefohlenen sind von drolliger Tolpatschig-

keit, besonders komisch sind sie, wenn sie sich aufplustern und lächerliche Befehlstöne anschlagen. Ich führe ihnen dann das Unangebrachte ihres Verhaltens sehr geschickt vor Augen, indem ich mich auf den Rücken werfe und sie mit sklavischen Blicken traktiere. Sofort schämen sie sich, krümmen sich zu mir nieder und bitten mit schmeichelnden Trostworten um Entschuldigung.

Bei der Vorstellung, mit einem Alpha-Typ zweimal wöchentlich auf den Hundesportplatz zu müssen, graust mir. Ich habe mir erzählen lassen, wie es dort zugeht. Zum Beispiel *liegt* unsereins *ab*, während das sogenannte *Herrchen* (Alpha-Typen haben, wie ich höre, eine Vorliebe für altmodische Anreden) übt, sich von uns wegzubewegen. Öd! Ich würde nicht einsehen, warum ich das auf mich nehmen soll, nur damit meine Schutzbefohlenen an die frische Luft kommen.

Ohnehin strudle ich mich den ganzen Tag ab, um sie – das heißt, vor allem die Schutzbefohlene Nummer eins – auf Schritt und Tritt zu beschützen. Die Schutzbefohlene Nummer eins ist diejenige von den beiden, die zuerst auf die Welt gekommen ist, wenn man versteht, was ich meine. Ich nenne sie so nicht nur, weil ich damit vermeide, sie als die Ältere zu bezeichnen, sondern auch, weil sie mehr Überwachung braucht. Die Nummer zwei ist selbständiger und geht untertags zur Schule.

Nummer eins hat die nervende Angewohnheit, unruhig durch Haus und Hof zu traben, treppauf, treppab und vor die Tür, um die Fenster aufzureißen und wieder zu schließen, mit Schmutzwäsche nach der Waschmaschine zu werfen, durch die Küche zu irren, auf der Suche nach

Süßigkeiten, oder die Mülltonne vors Tor zu karren (vermutlich ein Service in meinem Interesse, damit andere Hunde Botschaften für mich daran hinterlassen können; leider konnte ich noch nicht klarstellen, daß ich wenig scharf bin auf diese Art der Nachrichtenübermittlung). Bei all diesen hektischen Aktivitäten begleite ich sie. Und ich liege neben ihr, wenn sie vor ihrem Spezialfernseher sitzt und endlose Stunden lang mit geschäftiger Miene kleine graue Buchstaben auf den Bildschirm tippt.

Das Buchstabengetippe ist ein Tick von ihr. Die Schutzbefohlenen haben ja fast alle Ticks, die ihnen das Gefühl geben sollen, einer sinnvollen Aufgabe nachzugehen. Manche pflanzen Büsche, an die sie dann kein einziges Mal pinkeln. Manche rühren in Töpfen und produzieren ungenießbares »Essen«, in dem sich kein einziges Fleischstück findet. Manche stellen sich Tag für Tag in einen Laden und hantieren mit Kleiderbügeln, auf denen künstliche Felle hängen.

Na ja. Meine tippt also, und ich halte mich in ihrer Nähe. Mir kann man kein Versäumnis nachsagen.

Und tatsächlich: Seit ich meine Schutzbefohlenen beschütze, sind sie noch nie – nie! – von Elefantenherden überrannt oder von der Mafia erpreßt worden. Meine Schutzbefohlenen, die wie alle ihrer Art schlechte Ohren haben, wissen nicht einmal, welche Drohungen ich im Keim ersticke, indem ich, kaum daß ich weit entfernt jemanden herumpöbeln höre, sofort scharf und unmißverständlich zurückbelle.

Auch beim Autofahren muß ich von Zeit zu Zeit Alarm schlagen: Alle da draußen sollen wissen, daß wir uns weder

von Dalmatinern, noch von Pferden, noch von tiefffliegenden Radfahrern einschüchtern lassen werden. Meine Schutzbefohlenen übersehen in ihrer Sorglosigkeit gern Gefahren und fordern mich auf, die Klappe zu halten. Sie verstehen es nicht besser. Sie würden schön schauen, wenn ich die Klappe hielte, und ein dicker Mann mit Bart und Pudel säße plötzlich neben ihnen im Wagen.

Der Boß meiner Schutzbefohlenen ist ein pelziger Herr in silbergrauem Nadelstreif. Ich verehre ihn. Er ist so nobel. Er wirkt so weise. Er hat so was Überlegenes. Allerdings ist er ziemlich ernst, manchmal kommt er mir sogar mürrisch vor. Ich strenge mich sehr an, um seine Stimmung zu heben. Also rede ich mit ihm, erzähle ihm die neuesten Witze (selbstverständlich nur solche, in denen nicht pfiffige Mäuse über dämliche Katzen triumphieren) und fordere ihn gelegentlich zu einem Tänzchen auf. Er ist nicht sehr extrovertiert. Wirklich locker wird er wohl nie reagieren. Doch immerhin: Ab und zu läßt er sich gnädig von mir aufs Ohr küssen. Ich wette ja, tief innerlich ist er geradezu süchtig nach meinen kleinen Liebenswürdigkeiten. Er zeigt es nur nicht. Ich glaube aber, daß er viel unerbittlicher wäre ohne meinen sonnigen Einfluß. Die Schutzbefohlenen ahnen natürlich nicht, welchen Gefallen ich ihnen tue, indem ich ihren strengen Chef bei Laune halte.

Im übrigen ist die Schutzbefohlene Nummer zwei mehr wie ich. Wir sind gut drauf. Wir werden gern beachtet. Wir quatschen mit allen.

Die Nummer eins und der graue Chef haben eine Vorliebe für einsame Pfade. Ohne mich würde sich die Nummer

121

eins vielleicht tagelang abschotten, gedankenverloren und an der Grenze zur Mieselsucht. Das lasse ich nicht zu. Ich zeige ihr immer wieder, daß die Welt voll von durchaus freundlichen Zeitgenossen ist, wenn man nur unbefangen auf sie zuläuft und sie in ein munteres Gespräch verwickelt.

Ich mag meine Schutzbefohlenen, auch wenn ihre Gelehrigkeit Grenzen hat. Sie werfen Stöckchen, aber sie kapieren nicht, daß sie sie auch wieder holen sollen. Sie nehmen die Schuhe entgegen, die ich ihnen nachtrage, aber sie kauen wie gesagt nicht daran. Und sie verschmähen die Nahrung, mit der der Chef sie großzügig versorgt. Übrigens ein Grund mehr, den Chef zu bestaunen: Mit unglaublicher Ausdauer beschenkt er die Schutzbefohlenen mit Leckerbissen, überzeugt, daß sie schon noch lernen werden, sie zu schätzen. Um sie zum Kosten zu überreden, serviert er sie ihnen in verschiedenen Zubereitungsarten, mal mit Kopf, mal ohne, mal nur die Leber, mal nur Kopf und Schwanz. Die Schutzbefohlenen ekeln sich hartnäckig. Unter uns gesagt, ich kann sie verstehen. Mir ist gebratenes Schwein auch lieber als rohe Maus. Aber die Beharrlichkeit, mit der der Boß versucht, ihren Speisezettel zu erweitern, ist toll und zeugt von Verantwortungsbewußtsein. Könnte ja sein, wir sind einmal darauf angewiesen, daß er uns versorgt. Für den Fall ist es wenig realistisch anzunehmen, daß er erlegte Schweine heranschafft.

Die Schutzbefohlenen, die gelegentlich zu Undank neigen, haben den Verdacht geäußert, daß der Boß ihnen die Mäuse überläßt, weil er sich seinerseits lieber an Hühnerragout hält, aber da irren sie sich bestimmt.

Vielleicht führen sie ja auch nur lose Reden, weil sie sich

ein bißchen auflehnen wollen gegen die Autorität vom Chef.

Ich lehne mich nie auf. Ich lasse alle in dem Glauben, daß ich sie verehre und bewundere. Das kostet mich nichts und bringt mir jede Menge positive Resonanz. Ich liebe es, beliebt zu sein.

Ich brech' die Herzen der stolzesten Frau'n, weil ich so stürmisch und so leidenschaftlich bin.

Ich wickle alle um die Pfote, wenn ich nur will, und ich will immer. Die meisten Besucher glauben übrigens, es ist umgekehrt. Sie meinen, sie hätten mich um den Finger gewickelt, wenn ich sie umtänzle und stupse und neben sie aufs Sofa springe, und sie führen das ungeniert auf ihre einzigartige Anziehungskraft zurück. Selbstgefällig dröhnen sie: »So was – den Hund hab ich euch aber jetzt abspenstig gemacht. Ich glaub, der kommt mit mir!«

Drollige Idee. Nichts läge mir ferner. Ich erobere sie aus Freude am Erobern, und weil ich gern in dieser dicken rosa Wolke aus Harmonie herumkugle, die sich ausbreitet, wenn alle sich genügend beachtet fühlen.

Die Schutzbefohlenen sagen, sie nehmen es als Test, wie Besucher auf meine Schmeicheleien reagieren. Die, die sich bloß freuen würden, seien okay. Aber die, die meine Komplimente als Würdigung ihrer Überlegenheit auffassen (ohne auch nur auf die Idee zu kommen, daß ich anderen ebenfalls schon geschmeichelt haben könnte), die seien leider Deppen.

Na, ist das nicht wieder wunderbar! Durch mich erfahren meine Schutzbefohlenen auf einfache Weise, was sie von ihrer Umwelt halten sollen. Unser Zusammenleben ist ein Haupttreffer.

Freundschaften, unverbindliche

Der kleine weiße Prinz gibt mir zu verstehen, man habe ihn aufgefordert, an einem Aufsatzwettbewerb teilzunehmen. Thema: *Meine Schützlinge* (oder so ähnlich). »Du willst doch nicht behaupten, daß du uns *beschützt?*« frage ich amüsiert. Der kleine weiße Prinz schaut gekränkt. Na schön, war ja nicht so gemeint.

Okay: Er beschützt uns. Tatsächlich hat er erst gestern den Kater gerettet. Es war abends, der Kater kam herein, und ich sperrte hinter ihm seine Klapptür zu. (In kalten Nächten behalte ich ihn gern im Haus. Er ist wie schon gesagt nicht mehr der Jüngste und neigt ohnedies zu Husten und Nierenbeschwerden, zwei Leiden, die sich durch den Aufenthalt in eisigen Gärten nicht gerade bessern.) Dann öffnete jemand die Haustür, und der Kater muß entwischt sein. Jedenfalls war er plötzlich draußen, bei zugesperrter Klappe. Niemand hätte bemerkt, daß er verzweifelt, aber vergebens versuchte, sich wieder ins Haus zu quetschen, wenn nicht der Hund aufgeregt winselnd zur Innenseite der Klapptür gelaufen wäre und Alarm geschlagen hätte.

»Sei gut zum Hund, du verdankst ihm was!« sage ich seither in Abständen zum Kater. Aber der tut, als redete ich Chinesisch (zugegebenermaßen eine Kultursprache, doch leider nicht die seine).

Was mich angeht, so hat der kleine weiße Prinz, als mir meine Bandscheibe perfid in den Rücken fiel – weswegen

ich an einem unschuldigen Sonntagmorgen heulend und jaulend auf allen vieren durch die Küche kroch –, geradezu lassiehaft reagiert. Mit eingezogenem Schwanz raste er die Treppe hoch, und ich vermutete fürs erste, daß er vor meinen Schmerzenslauten floh. Jedoch: Er holte Hilfe! Fiepend weckte er meine Tochter hoch oben in ihrem Schlafgemach und zerrte sie aus dem Bett. Deshalb, von mir aus, einverstanden: Sind wir halt seine Schützlinge. (»Ich nicht!« sagt meine Tochter. »Du vielleicht. Ich beschütze mich selbst!« Hoffentlich merkt sich das Kind diesen Satz bis zu dem Zeitpunkt, da ihr ein viel zu anhänglicher Kerl mit energischem Kinn einreden will, er sei das Bollwerk der Wahl gegen die Unbill der Welt.)

Wie auch immer: Der kleine Weiße hat uns, wenn ich seine Andeutungen richtig deute, in einem Aufsatz verbraten. Was erhofft er sich davon? *Anerkennung*, sagen seine Blicke.

Anerkennung als was?

Einfach nur *Anerkennung*.

Ach Gott, das alte Lied. Da sitze ich und verfasse Seite um Seite zu seinem Lob, und er fühlt sich vernachlässigt. (Insofern hat er doch Ähnlichkeit mit einem Mann. Männer fühlen sich auch dauernd vernachlässigt. Nicht, daß ich jemals Seite um Seite zum Lobpreis eines Mannes, schon gar nicht ein und desselben, verfaßt hätte. Aber selbst wenn: Auch der hätte doch nur wahrgenommen, daß ich ihn nicht richtig wahrgenommen hätte während des Verfassens.)

Ich gestehe allerdings, daß wir *wenig* spazierengegangen sind in letzter Zeit, der kleine Prinz und ich. Man kann

nicht spazierengehen und gleichzeitig schwärmerisch darüber schreiben.

Wird wohl Zeit, daß ich zu einem Ende komme mit meinen hündischen Gesängen, ehe der kleine Prinz überschnappt und anfängt, zur Kompensation Lyrikbände im Selbstverlag zu veröffentlichen. Ich bin der unfreundlichen Meinung, daß es sowohl meinem Konto als auch der Dichtkunst dienlicher ist, wenn er das bleiben läßt. (Sehr zögernd habe ich diesen Satz hingeschrieben. Ich kenne die Rezensentenzunft. Ein Satz wie dieser fordert zu einer Besprechung heraus, in der steht, es sei schade, daß die Autorin nicht ihrerseits der Dichtkunst dienlich war, indem sie auf das Abfassen des vorliegenden Bändchens verzichtet hat – blabla etcetera. Rezensent! Sie können diese Bosheit natürlich immer noch anbringen. Aber finden Sie nicht auch, daß ich ihr bereits die Luft ausgelassen habe – abgesehen davon, daß Sie mir unrecht tun würden damit?)

Mein Verdacht, daß der kleine Prinz sich seit kurzem zu kurz gekommen fühlt, wird überdies durch eine Serie rätselhafter Vorfälle genährt.

Vor drei Tagen fand ich den kleinen Prinzen, wie er am Frühstücksbrot meiner Tochter kaute. Kopfloses Kind! schimpfte ich vor mich hin, denn der Brotaufstrich klebte teils im Hundekorb, teils im Hundefell. Wirft einfach ihr Brot runter, wenn sie es nicht ißt! So was Blödes.

Meine Tochter schwor, sie hätte ihr Brot auf ihrem Teller hinterlassen. Ich winkte ab. Faule Ausreden. Kennen wir schon.

Vor zwei Tagen fand ich den kleinen Prinzen, als ich nach dem Frühstück ins Eßzimmer kam, auf der Bank an dem

(noch nicht abgeräumten) Eßtisch liegen. Er hielt fromm die Pfoten gekreuzt und blickte mich mit dick aufgetragener Harmlosigkeit an.

Gestern fand ich ihn, die Hinterbeine auf der Bank, die Vorderpfoten auf der Tischplatte und die Nase in unseren Frühstücksresten.

Und heute lag er (die Pfoten gekreuzt, siehe oben) auf dem Tisch neben meinem Teller!

Wir hatten einen stürmischen Krach. Erstens hasse ich Hunde auf dem Eßtisch. (Das klingt, als hätte ich Erfahrung mit dieser Situation und darum eine klare Haltung ihr gegenüber. Falsch. Ich korrigiere: Bis zum heutigen Morgen hatte ich keine Ahnung, daß ich Hunde auf dem Eßtisch hasse. Aber nun bin ich mir sicher.) Und zweitens diskreditierte sein Benehmen alles, was ich bisher über ihn behauptet habe. Ich lasse mir doch von einem ungezogenen Hund nicht meine Texte und Thesen ruinieren!

Darum, schon weil ich es zur Rettung aller bisher von mir aufgestellten Behauptungen ablehnen muß, den kleinen Prinzen für einen aufsässigen Charakter zu halten, glaube ich etwas anderes, nämlich das: Der kleine Prinz handelt verzweifelt gegen seine an und für sich nicht zu Eskapaden neigende Natur, weil er endlich wieder beachtet werden will.

Ich werde auf seinen Appell hören und mich kurz fassen.

Das, worüber ich mich so kurz wie möglich fassen werde, sind die unverbindlichen Freundschaften mit Hunden, solche, die nicht in eine Lebensgemeinschaft münden und die trotzdem Gewicht haben.

Im speziellen gedenke ich mit Rührung und Dankbarkeit

der Hunde Tilly, Benno und Weimberl, die mich in hundelosen Phasen meines Daseins über eben diesen Umstand hinweggetröstet haben.

Tilly und Benno waren Rauhhaardackel. Weimberl war Amerikaner und hieß gar nicht Weimberl.

Tilly gehörte einer Freundin. Wenn mir nach Hundebegleitung war, holte ich sie ab und nahm sie mit. Sie ging anstandslos mit mir und ließ sich ebenso anstandslos wieder zurückgeben. Das war sehr praktisch für uns alle. Ich hatte einen Teilzeithund ohne die Belastungen einer Dauerverpflichtung, meine Freundin ersparte sich zeitweilig das Gassigehen, und Tilly kam zu mehr Auslauf.

Dieses Tier hatte nur eine Macke: Es fürchtete sich vor meiner Mutter. Meine Mutter war eine freundliche, liebenswürdige, Tieren zugetane Frau. Nie zuvor und nie danach gab es einen Hund, der ihr nicht zu Füßen gelegen wäre (schon deshalb, weil sie gern mit Kalbsknochen nachhalf). Nur Tilly beschloß, Gott weiß warum, eine Schreckensgestalt in ihr zu sehen. Ich nahm das anfangs nicht ernst, und als ich einmal mit meiner Mutter im Auto in Tillys Gegend kam, schlug ich vor, sie einzusacken, denn wir waren auf dem Weg ins Grüne.

Meine Mutter blieb im Auto sitzen, bei offenen Türen; es war ein heißer Tag. Ich rannte ins Haus. Tilly freute sich riesig, hüpfte beglückt an mir hoch und brachte mir ihr Halsband. Dann lief sie ausgelassen vor mir her, auf mein Auto zu, und sprang hinein. Nein, falsch: Sie sprang mit einem riesigen Satz durch mein Auto hindurch, wie der Zirkuslöwe durch den brennenden Reifen – bei der einen offenen Tür hinein und bei der anderen sofort wieder hinaus.

Dazwischen fand sie Zeit für entsetztes Quieken. Sie stieß es aus, als sie im Wageninneren meine Mutter entdeckte. Und schon raste sie, den Schwanz zwischen die Beine geklemmt, in ihr Haus zurück, wo sie zitternd im Gang verharrte. Unmöglich, sie wieder nach draußen zu locken.

Ich war taktlos genug, mich vor Lachen zu winden. Später habe ich die Geschichte oft und gern erzählt. Sie sorgte immer für Heiterkeit. Die einzige, die säuerlich schaute (falls sie zuhörte), war meine Mutter. Ich habe den Verdacht, daß sich ihr die Komik der Situation nie so richtig erschlossen hat.

Benno gehörte einem befreundeten Paar. Sie riefen mich an, kaum daß sie ihn erstanden hatten, und ich fuhr noch am Abend desselben Tages zu ihnen. Während die Hausfrau kochte und der Hausherr den Tisch deckte, trug ich den kleinen Hund spazieren, der seine Nase an meinem Hals vergrub und getröstet schnaufte, statt, wie vorher, ratlos zu winseln.

Von Stund' an betrachtete er mich als Konrad Lorenz und sich als meine Graugans. Wenn ich auf Besuch kam, watschelte er hinter mir her. Wenn ich mich hinsetzte, setzte er sich auf meine Füße. Wenn ich übers Wochenende blieb, übernachtete er neben mir im Gästezimmer.

Wie man inzwischen weiß, bedenkt der kleine weiße Prinz Besucher mit ähnlicher Aufmerksamkeit, ohne daß er damit besondere Vorlieben ausdrücken will. Benno jedoch, ich vermerke es eitel, war anderen Gästen gegenüber deutlich reservierter.

Selbstverständlich kann ich Sie nicht daran hindern, diese Aussage für pure Selbsttäuschung zu halten. Für

meine Interpretation jedoch spricht, daß Bennos Besitzer öfter (mit diesem kleinen steifen Lächeln, das man über die Zähne stülpt, wenn man zu scherzen vorgibt) sagten: »Ja, ja, der mag dich, der Benno. Wenn wir wieder einmal einen Hund kriegen, laden wir dich bestimmt nicht wieder gleich am ersten Tag ein.«

Weimberls Eigentümer haben wir nie kennengelernt, und seinen wahren Namen haben wir nie erfahren. Wir trafen ihn in der Nähe einer Shopping Mall außerhalb von Washington, D.C., wo wir eine Zeitlang wohnten. Kurz zuvor hatten wir Dodo verloren, und es war uns deswegen immer noch weh ums Herz. Genaugenommen ist uns deswegen bis heute weh ums Herz, aber heute tröstet uns der kleine weiße Prinz. Damals war kein Dodo-Ersatz in Sicht (was nicht heißen soll, daß wir die wunderschöne Glückskatze, die am Tag nach der Übersiedlung bei uns einzog – auch sie eine aus der Nachbarschaft, die einfach das Quartier wechselte – nicht zu schätzen gewußt hätten. Doch wie Ihnen ja inzwischen bekannt ist, braucht es zu unserem kompletten Glück beides, Katze *und* Hund.)

Also: Wir – Vater, Mutter, kleines Kind – auf Einkaufstrip. Die Sonne schien, die Luft war lau, und wir hatten keine Lust, sofort im klimatisierten Bunker des Shopping Centers unterzutauchen. Statt dessen parkten wir erst einmal am Rande einer Wiese inmitten von Einfamilienhäusern, stiegen aus und setzten unsere kleine Tochter ins Gras. Plötzlich war ein Hund neben uns, mittelgroß, langhaarig, wedelnd, aufmerksam.

»Na, du?«

Der Hund legte den Kopf schief und gab Laut.

Wir glucksten vor Entzücken.

Er spielte mit uns. Er warf sich vor dem Kind auf den Rücken, ließ sich von ihm zausen, brachte Stöckchen, rannte neben uns her, die Wiese hinauf und hinunter, und benahm sich, als gehöre er zu uns.

»Er *weimberlt* sich bei uns ein«, sagte ich. Sich *einweimberln* ist Wienerisch und heißt sich *einschmeicheln*.

Eine selige halbe Stunde lang war die Welt, wie sie zu sein hatte.

Ich bekenne, daß ich erwog, ihn zu stehlen. Vielleicht war er ja herrenlos? Ach nein, Unsinn. Er war gepflegt, trug ein tadelloses Halsband mit Hundemarke und hatte die gewinnenden Umgangsformen eines Hundes aus gutem Hause. Offensichtlich gehörte er zu einem der Einfamilienheime rundherum.

Ich bekenne, daß ich erwog, ihn trotzdem zu stehlen. Warum mein Anstand letztlich siegte, kann ich gar nicht so genau sagen. Ich fürchte, daß es am Kindesvater lag, der sich energisch gegen das Stehlen aussprach, ob aus Gründen der Moral oder aus Angst vor Ärger, sei dahingestellt.

Als wir ins Auto kletterten, seufzend, drehte sich der freundliche fremde Hund (fremd und trotzdem so vertraut!) um und trabte in das Gäßchen zurück, aus dem er gekommen war.

Von nun an machten wir es uns zur Gewohnheit, unseren wöchentlichen Vorratskauf mit einem Besuch bei Weimberl zu verbinden. Wir parkten an der bewußten Wiese, stiegen aus, pfiffen und riefen »Weimberl, Weimberl!« Schon kam er um die Ecke geschottert, als hätte er nur auf uns gewartet.

Die Freundschaft hatte natürlich ein Ablaufdatum. Irgendwann einmal kauften wir nicht mehr jede Woche in Weimberls Nähe ein, und bald danach hörte er auf, zuverlässig zu kommen, wenn wir nach ihm pfiffen. Eines Tages haben wir einander aus den Augen verloren. Aber wir hatten, wie man so sagt, eine schöne Zeit mitsammen.

Was sollen Sie aus diesem Anekdotenschatz schließen? Das: Wenn man schon mit keinem Hund zusammenlebt (was ja unter einer Reihe von Umständen vernünftiger ist und auch entschieden tierfreundlicher als das Einsperren von alleingelassenen Riesenschnauzern in winzigen Stadtwohnungen), wenn man also schon keinen eigenen Hund halten kann, so kann man doch immerhin mit Hunden befreundet sein. Es lohnt sich. Ein bißchen Hund ist besser als gar kein Hund. Und kein Abend, an dem Ihnen ein gastgeberischer Hund grunzend die Schnauze aufs Knie legt, während er Ihnen tief in die Augen schaut, ist ein gänzlich verdorbener Abend. (Außer, der Gastgeber kommt auf die Idee, es seinem Hund gleichzutun.)

Das bißchen Arbeit

»Aber macht denn ein Hund nicht doch sehr viel Arbeit?« Es ist gut, daß Sie mir, nach allem, was ich an Begeisterung ab- und an konkreten Pflegehinweisen ausgelassen habe, diese Frage stellen. Schließlich ist es nur vernünftig, sich zu überlegen, wieviel Plage man sich antun will, ehe man sich aus einer sentimentalen Laune heraus ein Wollknäuel auf vier tapsigen Pfoten unter den Weihnachtsbaum setzt. Die Antwort lautet: Ja, ein Hund macht Arbeit.

Bis zu einem gewissen Grad hat man ihre Ausmaße allerdings in der Hand. Ich zum Beispiel erleichtere mir das Leben insofern, als ich den kleinen weißen Prinzen aus der Dose und, vor allem auf Reisen, mit Trockenfutter ernähre. Ich kenne aber auch Leute, die lassen es sich nicht nehmen, für ihren Gonzo täglich Fleisch, Reis und Kartoffeln zu kochen, Kutteln kleinzuschnipseln, Karotten zu raspeln und in jede Mahlzeit eine genau bemessene Menge Vitaminpulver mit Spurenelementen und Mineralsalzen zu streuen.

Ich will so viel Fürsorge nicht schmähen, ich habe nur selber weder Zeit noch Lust, für meinen Hund aufwendiger zu kochen als für den Rest der Familie. Deswegen habe ich beschlossen, in diesem Punkt der Werbung zu glauben, die ja oft genug die Ausgewogenheit der fertigen Tiernahrung beteuert. Ich übersehe allerdings nicht, daß Dosenfutter, vor allem hochwertiges, relativ kostspielig ist. Ein Grund mehr, jedenfalls für mich, einen *kleinen*

Hund zu halten, dessen Nahrungsbedarf in erschwinglichen Grenzen bleibt.

Der kleine weiße Prinz ist ein anspruchsloser Esser. Anstandslos verputzt er seine Büchsenmahlzeiten, jedenfalls daheim, wo der Futterneid ihn sogar zu wildem Schlingen treibt.

Hat er hinuntergeschlungen, rast er, gelegentlich unter ordinärem Rülpsen, zu den Katzenschüsseln und wartet, in imaginäre Startlöcher gekauert, hinter dem Kater auf das, was der übrigläßt.

Auf Reisen hingegen ist er etwas nervös. Es dauert für gewöhnlich zwei Tage, ehe er sich soweit an die Unruhe, die fremden Zimmer, die ständigen Aufbrüche ins Unbekannte gewöhnt hat, daß er wieder einmal eine Schüssel leerfressen kann. Deshalb die Trockennahrung: Was der kleine Weiße nicht angerührt hat, wird einfach neuerlich eingesackt und mitgenommen.

Mit der Ernährung tue ich mir also nicht viel an. Trotzdem muß ich mich um sie kümmern: Ich muß die Dosenvorräte herbeischaffen und die leeren Büchsen entsorgen.

Nächster Punkt: die Körperpflege. Sie macht verhältnismäßig wenig Umstände bei kurzhaarigen Hunden. Jedenfalls heißt es so. Da ich noch nie mit einem kurzhaarigen Hund gelebt habe, fehlt es mir an diesbezüglichen Erfahrungen. Was Langhaarhunde angeht, so gibt es Besitzer und vor allem Besitzerinnen, die die Wallelocken ihrer Vierbeiner mit ähnlicher Hingabe bearbeiten wie Kaiserin Sisis Kammerzofen Kaiserin Sisis wogende Haarflut, mit dem Unterschied, daß die Hingabe der Kammerzofen vermutlich

eine erzwungene war, während die Hundezofen freiwillig mit Inbrunst bürsten.

Ich gehe auch hier den Weg des geringeren Widerstandes und lasse unserem Langhaarhund Sommer für Sommer eine Kurzhaarfrisur verpassen. Bis zum Winter ist sie gerade so weit nachgewachsen, daß man mit zweimal Bürsten pro Woche durchkommt.

Trotzdem summieren sich die notwendigen Handgriffe: Bei Schlechtwetter kommt der kleine weiße Prinz nach Spaziergängen in die Badewanne, wo seine Pfoten und sein Bauch gesäubert werden. Seine Augen neigen (wie die der meisten Malteser) zum Tränen und werden gelegentlich mit Kamillentee behandelt. Wenn er sich wieder einmal Flöhe geholt hat – jeder Hund holt sich immer wieder Flöhe, und alle, die das von ihrem Hund bestreiten, sind ähnlich wahrheitsliebend wie die Sorte Eltern, die nur Musterschüler in die Welt gesetzt hat –, wenn er also wieder einmal von Flöhen befallen ist, heißt es, ihn mit Flohshampoo zu waschen (eine mühsame Prozedur, weil das Zeug fünf bis zehn Minuten einwirken muß, während der man einen nassen, schäumenden Hund in der Badewanne festzuhalten hat) und die Hundekörbe zu desinfizieren. Onehin müssen die Hundedecken regelmäßig gewaschen werden.

Ja, Hunde machen Arbeit. Sie müssen zum Tierarzt gebracht werden (mindestens einmal jährlich zum Zweck des Impfens), man muß sie erziehen (und manche entschließen sich nur sehr zögernd, den Teppich nicht mehr als geeigneten Ort zum Hinterlassen prachtvoller Seen anzusehen), sie zerkauen Papiertaschentücher zu Millionen klei-

ner Fusseln, sie kriegen Durchfall und kacken aufs Parkett. Selbstverständlich kriegen alle Hunde immer dann Durchfall, Flöhe oder kleine rebellische Anwandlungen, wenn man derlei Komplikationen am wenigsten brauchen kann. Ihre Pfoten sind immer dann am schwärzesten, wenn man eigentlich schon – ausnahmsweise in Samt und Seide – auf dem Weg in die Oper ist, und wenn sie einem vor Füße kotzen, dann bestimmt zu einem Zeitpunkt, da man sich einem wichtigen beruflichen Projekt widmen müßte und nicht der Zubereitung von diätetisch gekochtem Huhn mit Reis.

Mein Hege- und Pflegetrieb ist minimal entwickelt, und ich bin so gut wie immer unter Termindruck. Trotzdem empfinde ich den kleinen weißen Prinzen nicht als Belastung. Warum?

Das liegt zum einen daran, daß er, wie ausführlich geschildert, eine unkomplizierte Frohnatur ist, leicht erziehbar, leicht verpflegbar, klein und handlich, so daß die beschriebenen Dienstleistungen keine übertriebenen Dimensionen annehmen. Zum anderen liegt es an einem Phänomen, das heißt *Liebe*.

Ich begebe mich mit dieser Erklärung auf gefährliches Terrain. Daß wahre Liebe alles erduldet und alles erträgt, ist eine These, die ich an und für sich ablehne. Alles zu erdulden und alles zu ertragen ist nicht Liebe, sondern Masochismus. Ich würde auch dem kleinen Prinzen zuliebe nicht dulden und Leiden ertragen wollen, beziehungsweise würde ich ihn nicht unbedingt lieben, wenn er mir strapaziöses Dulden abverlangte. Was ich meine, ist das: Ich bekomme von ihm so viel Zuneigung, daß ich das *bißchen* Arbeit, das er mir macht, bloß als bißchen Arbeit empfinde. (Naturwissenschaftlich

136

orientierte Zeitgenossen ersetzen an dieser Stelle das Wort Zuneigung durch allerhand sachlich klingendes Vokabular: *Rudelverhalten, infantile Anhänglichkeit domestizierter Tiere, der Mensch als Futterquelle.* Es läuft aber auch wieder nur darauf hinaus, daß der Hund mir – aus diesen oder jenen Gründen – *zugeneigt* ist, oder?)

Vielleicht sollten Sie sich, wenn Sie wissen wollen, ob Sie hundegeeignet sind, nicht so sehr fragen, wie gern oder ungern Sie Hundehaare von der Couch saugen. (Niemand saugt wirklich *gern* Hundehaare von wo auch immer.) Vielleicht sollten Sie sich ein paar andere Fragen stellen.

Zum Beispiel diese:

Brauche ich das Gefühl, jederzeit eine Reise nach Bali antreten zu können, weil ich andernfalls unter Luftröhrenverengung bis hin zu panischem Pfeifen aus dem letzten Loch leide?

Läßt mir meine Arbeitswut schon jetzt kaum eine freie Minute für einen Ausflug zum Kaffeeautomaten?

Fängt mein Herz an, nervös zu flattern, wenn die Seidenkissen auf meiner Couch einmal falsch arrangiert sind?

Erfüllt mich die Vorstellung, daß mich nach einer schweißtreibenden Auseinandersetzung im Kollegenkreis eine Hundeschnauze unter sanftem Schnaufen stupst, bestenfalls mit dumpfer Gleichgültigkeit?

Neige ich dazu, einer neuen Liebe jeden Wunsch von den Augen abzulesen?

Sie ahnen es: Wenn Sie die Mehrzahl dieser Fragen mit Ja beantworten, wird Ihnen das *bißchen Arbeit*, das ein Hund macht, wahrscheinlich wie ein großer Haufen an lästigen Zusatzpflichten vorkommen.

Was die letzte Frage betrifft, so ist sie folgendermaßen zu verstehen: Gehören Sie zu den Personen, die sich einem neuen Partner bzw. einer neuen Partnerin anschmiegen wie Pflegesalbe dem Babypopo, dann wird es Sie – beziehungsweise Ihre Beziehung zu einem eventuellen Hund – enorm belasten, falls der oder die Neue Hunde nicht mag. Nun bin ich zwar grundsätzlich gegen persönlichkeitsgefährdende Anschmiegsamkeit in Beziehungen, aber für den Fall, daß Sie meine Grundsätze nicht teilen, ist Ihr Hund ein armes Schwein, sobald Ihre neue Liebe Ihnen zu verstehen gibt, daß er einen Klotz am Bein darstellt. »Mein Gott«, wird Ihre neue Liebe vielleicht fragen, »muß dieser Hund denn tatsächlich schon wieder raus?« »Braucht dieser Hund denn schon wieder was zu fressen?« »Warum verliert dieser Hund denn nur überall seine Haare?« »Kann man diesen Hund denn nicht einmal ein paar Tage in einer Tierpension lassen?«

Und auf einmal werden Sie es möglicherweise ebenfalls als saure Zumutung sehen, daß der Hund Gassi geführt / gepflegt / mitgenommen werden muß, und wenn der oder die Liebste andeutete, daß der grämliche Zug um seine oder ihre Mundwinkel nicht verschwinden wird, solange nicht auch der Hund verschwindet, werden Sie – Ja, was werden Sie dann? Also, ich male es mir nicht aus, um mich nicht mit Ihnen zu verkrachen, aber ich bitte Sie sehr herzlich: Bringen Sie gefälligst erst Ihre Beziehungskiste unter Dach und Fach, ehe wir klären, ob Sie sich nach einem Hund umschauen sollten. So, und jetzt entschuldigen Sie mich bitte. Mein Hund kratzt sich schon wieder. Ich muß nur schnell ein bißchen rumbrüllen, damit ihn irgend jemand

in diesem verdammten Haushalt endlich einmal badet. Möchte gern wissen, warum ausgerechnet immer ich diesen geisttötenden Job machen soll.

Idyllischer Ausklang

Es war einmal ein kleiner Hund, der nahm sich einen Menschen. Der Mensch war weder auffallend schön noch auffallend klug, aber der kleine Hund beschloß, ihn für etwas Besonderes zu halten. Unermüdlich beschäftigte er sich mit ihm. Der Mensch lernte, hinter der Zeitung hervorzukommen und dem Hund zu folgen. Gemeinsam zogen sie durch die Welt. Die Welt lag im wesentlichen zwischen Hauptstraße und Kirchplatz. Schnee säumte die kahlen Äste der Bäume am Straßenrand. Von den gefrorenen Feldern grüßten heiser die Krähen herüber. Der kleine Hund führte seinen Menschen zum Bäcker, wo es nach warmem Brot roch. (Im Schaufenster des Antiquitätengeschäfts daneben lagen Juwelen in Jugendstilfassungen, die rochen nach überhöhten Preisen.)
Der kleine Hund wartete vor dem Bäckerladen, bis sich sein Mensch Brot gekauft hatte, das er zu seiner artgerechten Ernährung brauchte. Er selber gönnte sich inzwischen eine Nase voll von den Düften, die aus der Fleischhauerei herauswehten. Vor dem Postamt gegenüber wurden Pakete verladen. Schulkinder stürmten die Gasse herunter, entschlossen, ihr Taschengeld geschickt in Sauerschlangen, Kaugummi und Schokoschirme zu investieren. Der kleine Hund kam mit dem Grüßen kaum nach.

Sein Mensch dagegen steckte mit den Gedanken schon wieder woanders. Ohne den Hund würde er die freundliche Nachbarin glatt übersehen und den Gemüsehändler nicht

zurückgegrüßt haben, und an der Trafik wäre er vorbeigetrabt, ohne Briefmarken mitzunehmen.

Zum Glück war der kleine Hund aufmerksam und bestand auf seinem Schwätzchen mit der Besitzerin.

Vor der Villa Elise trat Benji, der Bernhardiner, aus seiner Hundehütte an den Zaun und wedelte feierlich, lautlos, mit seiner schleppenartigen Rute. Er senkte den majestätischen Kopf und quetschte seine Schnauze zwischen den Gitterstäben hindurch. So stand er mit dem kleinen Hund eine Weile Nase an Nase. Daheim saßen Amseln in den Sträuchern und mampften Hagebutten. Der weiße Briefkasten am Eingangstor war rotgesprenkelt von ausgespuckten Fruchtfleischresten.

Im wohlig warmen Haus schlabberte der kleine Hund Wasser und ließ sich dann aufseufzend vor der Glastür zum Garten nieder, auf den geheizten Fliesen, den schneebedeckten Garten im Rücken und seinen Menschen im Blick.

»Dir ist doch hoffentlich klar, daß allzuviel Idylle verdächtig ist?« fragte ihn sein Mensch.

Der Hund blinzelte nachsichtig.

Kleine Philosophie der Passionen

Zum Selberlesen und Verschenken – für alle,
die bereits einer Leidenschaft erlegen sind oder
ihre wahre Passion noch suchen

Frank Lämmel
Autofahren
dtv 20164

Peter Würth
Gärtnern
dtv 20036

Heiner Geißler
Bergsteigen
dtv 20039

Bernd C. Sucher
Gäste
dtv 20097

Eva Gesine Baur
Dessous
dtv 20265

Bernd Schroeder
Handwerken
dtv 20267

Gabriele von Arnim
Essen
dtv 20215

Elfriede Hammerl
Hunde
dtv 20037

Barbara Bronnen
Friedhöfe
dtv 20096

Renate Just
Katzen
dtv 20095

Johannes Dräxler
Harald Braun
Fußball
dtv 20162

Ulrich Pramann
Laufen
dtv 20161